世界の美しい野生ネコ

フィオナ・サンクイスト　メル・サンクイスト

写真＝テリー・ホイットテイカー　訳＝山上佳子　監修＝今泉忠明

X-Knowledge

The Wild Cat Book

Fiona Sunquist and Mel Sunquist

with photographs by Terry Whittaker

目 次

ヒョウ系統　　　　　　　　　　　　　　　　　　　　*Panthera* Lineage

ライオン 5
ライオンはネコ科動物の中で唯一社会性がある。血縁関係のあるメスで構成された群れで生活する。群れのメンバーはしばしば協力して大型の獲物をしとめる。

ジャガー 17
南米最大のネコ科動物で、ジャガーの犬歯でかみつく力は大型ネコの中で一番強い。

トラ 29
現存するネコ科動物の中で一番大きく、唯一体毛縞模様のトラは、自分の体重の数倍もある獲物を襲える体の作りをしている。

ユキヒョウ 41
がっちりして足の短いユキヒョウは、地球上でも数少ない岩だらけのゴツゴツした環境でバーラルやアイベックスを捕食する。

ヒョウ 49
ヒョウは大型ネコのパワーと力強さ、そして小型ネコの優美さと適応力をあわせ持っている。

ウンピョウ 61
大きな雲のような模様の体毛から命名されたウンピョウは、たくましい体つきと短剣のような歯が特徴。

ベイキャット系統　　　　　　　　　　　　　　　　Bay Cat Lineage

ベイキャット 69
ボルネオ島でしか見られない希少なベイキャットは、絶滅したと考えられていたが、1992年に再発見された。

マーブルドキャット 73
木の上で生活するマーブルドキャットは、長い尾、大きな足先、まだら模様のある体毛を持ち、ウンピョウのミニ版のように見える。

アジアゴールデンキャット 77
アジアゴールデンキャットの体毛は、黒から明るい赤、灰色までほとんどあらゆる色があり、斑点があるものもないものもある。

カラカル系統　　　　　　　　　　　　　　　　　　*Caracal* Lineage

サーバル 81
ネコ科で一番足の長いサーバルは、高い成功率を誇る、聴覚による狩りのスペシャリスト。背の高さと大きな耳を生かし、丈の高い草に隠れた小型げっ歯類を狙う。

カラカル 87
伝説的なジャンプ力を持つカラカルは、かつてインドの貴族のスポーツハンティングに使われた。チーターやライオンと同じように、カラカルの生息地にはインドの一部が含まれている。

アフリカゴールデンキャット 93
パワフルな印象を与えるアフリカゴールデンキャットは、小型のヒョウのような体つきをしている。最近のDNA研究によって、カラカルやサーバルの近縁種であることがわかった。

オセロット系統 — Ocelot Lineage

オセロット 99
オセロットは南米で一番よく見かけるネコの1つ。短くつやのある体毛には濃色の斑点とバラの花のようなロゼット模様があり、完璧なカムフラージュになる。

マーゲイ 103
木登りの名手として知られるマーゲイは、ネコ科の中で一番機敏でアクロバティック。

ジョフロイキャット 109
イエネコと同じくらいの大きさのジョフロイキャットは、適応力が高く融通のきく捕食動物。高い木の枝に糞をする珍しい習性がある。

コドコド 115
コドコドは西半球最小のネコ科動物で、チリとアルゼンチンの沿岸の狭い地域でしか見られない。

アンデスキャット 121
アンデスキャットはアンデス山脈の高地にすみ、ほぼヤマビスカッチャだけを食べて生きている。

ジャガーキャット 125
小さくてきゃしゃなジャガーキャットは、小型のマーゲイと間違えられることがある。オセロットやマーゲイと同じく、一度に1頭しか子供を産まない。

パンパスキャット 129
南米の広々とした乾燥草原や高地砂漠でよく見かけるパンパスキャットは、体格がよく、毛の長いイエネコに似ている。

オオヤマネコ系統 — Lynx Lineage

ユーラシアオオヤマネコ 133
他のオオヤマネコの2倍の大きさのユーラシアオオヤマネコは森林にすみ、主にシカを捕食する。

スペインオオヤマネコ 139
スペインオオヤマネコは世界のネコ科動物で絶滅の危険性が最も高く、スペインとポルトガルに約250頭が生き残っているにすぎない。

カナダオオヤマネコ 143
背が高く足の長いカナダオオヤマネコはノウサギ専門のハンター。足先が大きく、足指が広がるため、まるでかんじきを履いたように雪の上を滑らかに移動できる。

ボブキャット 147
短い尾が特徴のボブキャットは、北米で一番数が多く広範囲に生息する野生ネコ科動物。

ピューマ系統 — Puma Lineage

チーター 153
チーターは地上最速の哺乳類で、走り出してから2～3秒で時速110kmに達する。

ピューマ 165
ピューマは適応力の高いネコ科動物で、「大型ネコ」と見なされることが多いが、最近チーターやジャガランディに近い種であることがわかった。

ジャガランディ 175
チーターやピューマの近縁種で奇妙な外見のジャガランディは、ホイッスルのような声や甲高い鳥のさえずりのような声でコミュニケーションを取る。ネコ科では珍しく、日中に狩りをすることが多い。

ベンガルヤマネコ系統　　Leopard Cat Lineage

マヌルネコ　181
モンゴルと中国にすむマヌルネコは、ずんぐりして足が短く、ペキニーズのような顔をしている。

スナドリネコ　187
ネコ科で唯一、魚を捕食する習性から命名されたスナドリネコは、泳ぎの名手。

ベンガルヤマネコ　193
小さくてきゃしゃな体つきと長い足が特徴のベンガルヤマネコは、アジアで最もよく見られる小型ネコ。

マレーヤマネコ　197
マレーヤマネコは、泳ぎがうまく、魚とカエルが好物であるという点でスナドリネコと似ている。

サビイロネコ　201
小さくてすばしこいサビイロネコは、ネコ科の「ハチドリ」という呼び名がぴったりの、アジア最小のネコ科動物。

イエネコ系統　　Domestic Cat Lineage

イエネコ　207
イエネコは約1万年前のメソポタミアで、貯蔵された穀物を食べていたネズミ類に引きつけられて人間の近くに移りすんだと考えられている。

クロアシネコ　219
アフリカ南部にすむ小さなクロアシネコは、足の裏に黒い毛が生えていることからその名がついた。オス、メスともに、トラの吠え声に似ているといわれる。とても大きな声でコミュニケーションを取る。

ヨーロッパヤマネコ　225
ヨーロッパ、アジア、アフリカのヨーロッパヤマネコは現在5つの亜種に分類される。イエネコが6番目の亜種と見なされることもある。

スナネコ　233
スナネコは巣を掘る数少ないネコ科動物の1つで、サハラや中東の砂丘や岩が露出した場所で見られる。

ジャングルキャット　239
村落の近くで生活できるほど適応力のあるジャングルキャットは、アジアの小型ネコ版ジャッカルのような存在である。

謝辞　243

参考文献　245

関連文献　261

写真・図版協力　263

索引　265

はじめに

神はトラをなでる喜びを人間に与えるためにネコを創造した

―作者不明

　インドへの長い旅から家に戻ってきたとき、当時4歳だった娘は心からほっとしたようでした。家に入るなり、娘は大好きなネコに飛びついて叫びました。「ゴロゴロに触りたかったの！」

　ネコと暮らしたことがある人なら、娘の気持ちがきっとおわかりでしょう。柔らかくてなでがいがあるイエネコは、野生動物と同じゴロゴロ鳴る体で心を癒やしてくれるコンパニオンです。イエネコのしなやかで軽々とした身のこなしを見ると、野生種とほんのわずかな違いしかないことに改めて気づかされますし、自由気ままな態度に接すると、何とか気を引きたいと思わずにはいられません。ネコが反応してくれたら光栄な気持ちになりますが、これはおそらく、もともと孤独が好きな生き物であるネコが打ち解けてくれたと感じるからでしょう。

　野生のネコ科動物には、イエネコの美しさがもっと純粋な形で表れています。人間の祖先は、数千年も前から日々の生活でネコ科動物と関わってきました。太古の昔には、パワフルで頭のいいネコ科動物がひっそりと狩りをする人間の後をつけて同じ獲物を争うこともあれば、ネコ科動物がしとめた獲物を人間があさることもありました。人間は、音もなく忍び寄って鋭い犬歯をむく彼らを恐れながら暮らしましたが、強さや勇気、気高さの象徴として崇拝もしました。

　今でも、うずくまったトラやヒョウのイメージは、パワーや荒野の象徴として私たちの意識に刻まれていて、その鋭い吠え声やシルエットにはとてもなじみがあります。暗い場所にいると、そうしたイメージに遠い記憶の中の感情が呼びさまされ、おののいて息をのむことがありますが、この崇敬と怖れは、私たち人間が共有する祖先からの記憶の一部です。

　野生から遠く離れた生活を送る今も、私たちはネコ科動物の完璧な美しさに魅了され続けています。個人的にも、詳しく知れば知るほど興味がさらに強まって、ネコ科動物の福祉（肉体的・精神的な健康や幸福）や種の存続にも関心を抱くようになりました。この本が、こうした分野に対する皆さんの関心を高めるとともに、「ゴロゴロに触る」ことの純粋な喜びを思い出すきっかけになることを願っています。

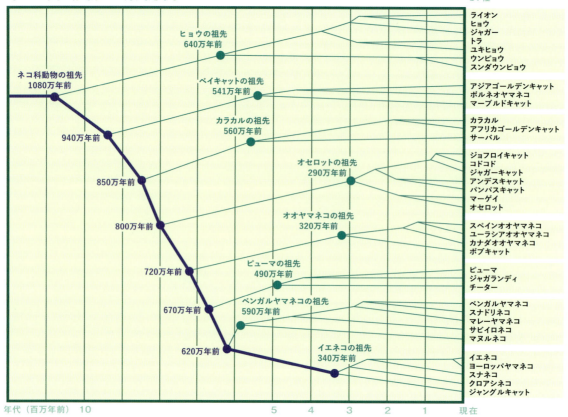

最近のDNA研究の革命的進歩によって、ネコ科動物の関係についていくつかの意外な事実が明らかになり、系統樹が作られた。遺伝学者の発見によると、ネコ科の37種は1000万年にわたる進化によって8つの系統に枝分かれした。

　野生のネコ科動物は、体重2kgの小さなクロアシネコから250kgのベンガルトラまで大きさはさまざまですが、一目でネコ科とわかります。どの種にも共通する体の特徴がたくさんあり、生きるすべも同じだからです。その一方で現在では、種によって、特に集団性の点で意外な違いがあることが明らかになっています。以前の分類は外見、歯の特徴、耳の骨の形、分布地域などに基づいていましたが、過去20年に種のDNA研究の技術が進歩したことで、ネコ科の進化に関するわたしたちの知識は根本から変わりました。そして、ネコ科の系統樹が初めて作成されることになったのです。

　遺伝学者の発見によると、ネコ科の37種は、1000万年もの間の進化によって8つの系統（近縁種のグループ）に枝分かれしたといいます。最大の驚きはチーターで、以前のヒョウ系統（大型ネコ）から現在はピューマの近縁種へ分類が変更されました。

　この本では、一番早く出現したヒョウ系統から一番新しいイエネコ系統まで、ネコ科動物を時代の順に紹介していきます。

ヒョウ系統

Panthera Lineage

ライオン

英名 = **Lion**　学名 = *Panthera leo*

　ライオンを特集したテレビ番組を見たことがあると、ライオンといえば、丈の短い草が風にそよぐ、獲物の豊富なセレンゲティ国立公園（タンザニア）の平原を連想しがちです。しかし、このような環境はライオンの生息地のほんの一部にすぎません。ほとんどのライオンは、木のまばらな疎林や乾燥林、低木地、さらには砂漠で生活しています。

　ライオンは、群れ（プライド）が社会構造の中心にあるという点で、ネコ科でも珍しい存在です。群れのメンバーは血縁関係のあるメス——母親、姉妹、娘、叔母とその子供たち——で集団で生活し、できるだけ条件のよい縄張りを維持しようとします。ライオンの研究で有名な動物学者クレイグ・パッカーは、ライオンの群れを、「縄張り争いをするストリートギャング」にたとえています。繁栄している群れは、数世代にわたって同じ場所で暮らすのが普通です。セレンゲティ国立公園では、群れはたいてい2〜18頭のメスとその子供、そして1〜3頭まれに7頭のオスから構成されています。繁殖のため徒党を組んだオスはメスをめぐって他のオスと争い、勝ち残った組が群れに加わりますが、群れにとどまる期間は短ければ2〜3カ月、長くて数年です。

　プライドはライオン社会の基本単位ですが、この社会構造は固定的なものではありません。中央カラハリ動物保護区（ボツワナ）で発生した長期的な干ばつでは、獲物の数が急激に減り、この社会構造が崩れました。群れのオスとメスは縄張りを捨てて放浪し、それまでの行動範囲からかなり離れた場所まで移動しました。血縁関係のないメス同士が共同で狩りを行うようになり、集団の顔ぶれがしばしば変化したのです。

　それ以外にも、ライオンはアフリカとアジアの森林にすんでいて、そこでの生活はもっと孤独です。森林に暮らすオスとメスは、交尾の時期を除いて、一緒に行動することはほとんどありません。インドでの研究によると、オスは単独で行動し、獲物をしとめ、マーキングしたり吠えたりすることで縄張りを守ります。一方メスは、単独かペアで子供たちと暮らします。

ライオンは「百獣の王」「権力の象徴」として歴史や伝説に登場し
そのイメージは建築物や旗、芸術作品、スポーツチームのマスコットなどに使われている。

ライオンの群れは
血縁関係のあるメスと
その子供を中心に
構成される。

ヨーロッパのケーブライオン：約1万4000年前に絶滅したたてがみのない大型ライオン

　約1万4000年前までは、ケーブライオン（*Panther leos pelaea*）という大型ライオンが存在し、ヨーロッパのイギリスから北はシベリア、東はベーリング海峡までの、森や草地を歩き回っていました。

　ケーブライオンはしばしば洞窟内の絵画に驚くほど正確に描かれています。古代ヨーロッパの人々にとって大変重要なトーテム（信仰や宗教の象徴）だったのでしょう。化石と洞窟の絵画から、ケーブライオンは現代のライオンより25％ほど大きく、今日のアフリカのライオンのように群れで生活していたと考えられますが、オスにはたてがみがありませんでした。洞窟の絵画にはセレンゲティ国立公園のライオンと同じように集団で狩りをする姿が描かれ、獲物となった動物の骨の研究によって、馬、トナカイ、シカ、バイソンやホラアナグマまで襲っていたことがわかりました。約1万4000年前にケーブライオンが絶滅した理由はまだ解明されていませんが、気候の変化と植生の変化が重なったためではないかと考えられています。絶滅の約6000年後、ケーブライオンとは遺伝子的に違う種の、たてがみのあるライオンが南ヨーロッパに侵入しました。このライオンは地中海地域に約2000年前まで生きのび、アリストテレスをはじめとするギリシャ古典作家の作品に登場しています。

メスは群れを離れて出産し、子供が4〜8週間に達すると群れに戻る。

　ライオンの体つきは、トラと大変よく似ています。前足と肩のあたりは筋肉が発達し大型の獲物に襲いかかりますが、後ろにいくほど細くなり、後足はすらりとしています。獲物を長時間追跡することはめったにありませんが、走れば最高時速48〜60kmを出すことができます。

　記録によると、ライオンは陸上にすむほとんどの哺乳類と、数種類の水生動物を食物にし、主な獲物はヌー、トムソンガゼル、イボイノシシ、シマウマ、アフリカスイギュウなどです。数は少ないのですが、キリン、カバ、若ゾウのようなかなり大型の動物を殺したという記録もあります。オカバンゴ・デルタ（ボツワナ）にあるチョベ国立公園には、食物が乏しくなるとゾウを襲うライオンの群れがいて、群れの食物の20%をゾウ肉が占めることもあるほどです。襲うのは主に夜間で、若ゾウが大半を占めます。その方法は、まず30頭かそれ以上のライオンが集まり、子ゾウや若ゾウに向かって吠えたり突進したりしてゾウの群れを驚かせ、混乱させます。そして、ゾウの群れがバラバラになり、無防備になったところを数頭のライオンが取り囲み、ゾウの後ろ足にかみつき、尻にしがみつくのです。チョベのライオンのプライドは、おそらく数千年前にケーブライオンがマンモスを襲ったのと同じようなやり方で、協力してアフリカゾウの成獣を倒すこともあります。

たてがみの謎：オスのライオンにたてがみがあるのはなぜ？

　オスのたてがみは、性的に成熟すると生え始め、4歳か5歳になるまで伸び続けます。たてがみには体の状態が表われ、状態のいいライオンのたてがみは立派に生えそろって色も濃くなります。逆に、けがをしたオスのたてがみは短くなったり、まばらになったり、時にはすべて抜けてしまうこともあります。すべてのネコ科動物の中で、たてがみがあるのはオスのライオンだけですが、それはなぜなのか。この疑問に対する答えを、2002年、ミネソタ大学の大学院生ペイトン・ウェストが見事な実験で明らかにしました。

　ウェストは、たてがみの色と長さが違う等身大のライオンの作り物を何体か用意し、野生のライオンに見せました。その結果、メスはたてがみの色で一番いい相手を選び、オスはたてがみから相手の状態を判断して、自分より強い相手との争いを避けることが明らかになったのです。またウェストは、自身の実験結果とセレンゲティにすむライオンに関する30年間のデータを重ね合わせ、たてがみの色が濃いオスはテストステロンと呼ばれる男性ホルモンの分泌が活発で攻撃的であると発見しました。攻撃的なオスであれば、放浪する独身のオスのグループが群れを乗っ取り子供を殺そうとしてきても追い払うことができます。たてがみの色が濃いオスは、平均寿命が長く、けがをしても生き延びる可能性が高く、子供の生存率が高いこともわかりました。百獣の王の頭を飾るたてがみは生命力のシンボルであり、周囲へのシグナルだったのです。

ライオンの群れの狩りの9割はメスが行い、オスは主にこの455kgのアフリカスイギュウのような大きな獲物を襲う。

　有能なハンターになるには長い時間がかかりますが、2歳になる頃には大人たちが狩りをするのを手伝えるようになります。若いメスは生まれた群れで一生暮らし、若いオスは群れを出て行くのが普通です。

　ライオンはかつて、アフリカの大部分の地域やヨーロッパ、中東、そしてインドの一部を放浪していました。生息地はスリランカまで達していたと考えられ、スリランカの民間伝承や芸術にたびたび登場し、有史時代まで生き延びていた可能性が高いとされています。しかし今日では、野生のアジアライオンはインド西部のギル森林国立公園に350頭が生き残っているにすぎません。

砂漠のライオン：サバンナのライオンとはまったく違う生活

　アフリカのカラハリ砂漠とナミブ砂漠では、数百頭の痩せた足の長いライオンが、乾ききった砂丘と岩だらけの灼熱の平原を歩き回っています。夏の日中には砂の表面が70℃（卵焼きができるほど）にも達する暑さの厳しい環境でも、砂漠のライオンは何週間も水なしで過ごし、獲物の体液だけで生きのびる適応能力があります。草露をなめたり、メス同士で雨に濡れた体毛を互いになめ合ったりしている姿が目撃されたこともあります。

　砂漠にすむライオンの生活は、セレンゲティ国立公園のライオンとまったく違います。家族のきずなは強いのですが、セレンゲティの大きな群れと違い、離れて行動します。たいていは2〜3頭の小グループに分かれ、特に状況が厳しい干ばつの時期には単独で放浪します。砂漠では、毎日がのどの渇きと高温との戦いです。日中はなんとか日陰を見つけてそこで過ごし、日が落ちるのを待って狩りに出かけます。セレンゲティなら食物は豊富で、数kmも歩けば獲物にありつけますが、砂漠では一晩に48〜64km歩いてもほとんど収穫がないことがあり、砂漠のライオンの行動範囲はセレンゲティのライオンの100倍以上に達します。

　ブッシュマンのトラッカー（足跡などから野生動物を追跡する人）の協力を得てカラハリ砂漠のライオンの調査を行ったフリッツ・エロフが以前追跡したメスは、自分と子供の食物を手に入れるために40km歩き、8回も獲物を狙いましたが、一度も成功しませんでした。3頭のメスが7晩連続で歩いて、何も獲物にありつけなかったこともあるそうです。その1週間に口にできたのは、ダチョウの卵1個だけでした。

　砂漠のライオンの主な獲物は、ゲムズボックと呼ばれる馬くらいの大きさのアンテロープで、手強い相手です。長さ約1mのサーベルのような角でライオンやヒョウを串刺しにして殺すことで知られ、殺したヒョウの周りをうろついている姿も目撃されています。ゲムズボック以外にも、生きのびるために他のライオンが食べないようなヤマアラシ、オオミミギツネ、ツチブタなどの比較的小さな動物も獲物にします。セレンゲティのライオンがヤマアラシを殺すことはほとんどないのですが、カラハリ砂漠のライオンにとっては、この体重18kgほどのトゲだらけの動物は重要な食べ物で、獲物の約3分の1を占めています。

ホワイトライオン：別の種なのか

　淡色の目とクリーム色の体毛。ホワイトライオンは、一度見たら忘れられない動物界の人気者です。ホワイトライオンを神聖な霊のシンボルととらえる人もいれば、動物園の呼び物やハンターの希少な「トロフィー」として価値があると考える人もいます。

　自然界で、美しいホワイトライオンが南アフリカの黄褐色の野生ライオンに混じって姿を見せることがありますが、数は少なく、過去100年にほんの数頭しか確認されていません。1975年に、南アフリカのクルーガー国立公園に近いティンババティ動物保護区で2頭のホワイトライオンの子供が目撃されました。2頭はたちまち有名になり、まもなく1頭のホワイトライオンが生まれました。ところが3頭は姿を消し、人々はホワイトライオンが生きているのだろうかと心配しました。その後3頭は捕獲され、南アフリカのプレトリア動物園に引き取られました。今ではこの3頭を含む数頭のホワイトライオンの子孫、約500頭が、世界各地の動物園やサーカス、飼育業者の下で暮らしています。

　ホワイトライオンは一般的な黄褐色のライオンと違う種ではなく、白変種です。白い体毛は色素遺伝子の突然変異によるもので、絶滅危惧種ではありません。他の白い動物もそうですが、ホワイトライオンは大勢の人が見たがるにもかかわらず野生のものが数少ないため、動物園やサーカス、飼育業者が近親交配によって殖やしています。ホワイトライオンの交配では、体毛の色素遺伝子に同じ変異を持つオスとメスを使います。2頭とも白い遺伝子を持っていれば、子供の中にホワイトライオンが混じる確率が高くなるからです。ただ、白い体毛の変異を持つライオンのほとんどは血縁関係があるため、ホワイトライオン同士の交配を行うということは、父親と娘、または兄弟と姉妹の間の近親交配を繰り返すことを意味します。その結果、さまざまな身体的・精神的な問題を抱えた子供が生まれてくることになるのです。

　こうして生まれてきたホワイトライオンを野生に帰したいと考える人々もいます。グローバル・ホワイトライオン保護基金は、ホワイトライオンを囲いのある広い土地で飼育していますが、いずれは解放して現地の黄褐色の野生ライオンに混じって生活させようと計画しています。この基金は、南アフリカ西ケープ州にあるサンボナ野生動物保護区内の囲い場にもホワイトライオンのグループを放っています。

　ただ、ホワイトライオンの交配に用いられるライオンは、動物園やサーカスなど生い立ちがさまざまなので、ホワイトライオンを野生に帰すことは、野生の世界に遺伝子の「パンドラの箱」を開け放つことになり、一旦開け放てば後戻りはできない、と生物学者は考えています。クルーガー国立公園に暮らすすべてのライオンの保護に力を入れることが、自然に白い体毛の遺伝子を受け継いでいる野生ライオンの保護にもつながり、よりよい選択肢だとする科学者もいます。

ヒョウ系統・ライオン
Panthera Lineage・Lion

ライオンの吠え声：遠距離まで届く大音量の叫び

　オスライオンの吠え声は並外れて大きく、測定音量は114デシベルと騒々しいロックコンサート並みです。この大音量の叫びは数km先まで届き、長距離のコミュニケーション手段として、ライオン同士の接触や隣の群れとの間隔の確保などに使われます。一、二度うめいてから、雷が落ちたかのようにのどいっぱいに大きく吠え、それが徐々に小さくなった後、最後にしわがれ声で何度かうなります。オスとメスの吠え声は似ていますが、オスの方がやや重いという違いがあります。ライオンの群れのうち1頭が吠えると、それにつられて群れ内のほかのライオンもこれに加わり、吠え声をあたりに響きわたらせることがあります。

ライオンの分布図

　アフリカ全土で人口が増加するにつれて、ライオンの数は減り、生息地がバラバラに切り離されて縮小していったため、多くの地域からライオンの姿が消えました。アフリカ全土で20万頭を超えていたライオンの数は、20年あまりで約2万3000頭まで減少しています。このような急激な減少の背景には人間との対立があります。ライオンに家畜を襲われた人たちが、ライフル銃や毒薬、罠などを使って報復しているのです。現存する野生ライオンの大半はアフリカ東部と南部にすみ、その数はこの30年間ほとんど変わっていません。アフリカ東部ではタンザニアが最も多く、セレンゲティ生態系とセルース猟獣保護区が主な生息地です。

　アフリカのエコツーリズムは、大型のネコ科動物が一番の見所となっていて、ライオンの保全と大きく関わっています。エコツーリズムは「人々が失ったものを取り戻す試み」として売り込まれていますが、市場規模は限られているので、農場主がライオンの侵入を

大目に見るほどの利益をもたらすことはほとんどありません。問題は、ライオンはいつも国立公園や猟獣保護区の中にとどまっているわけではなく、保護地域の外にすんだり狩りに出かけたりしてたびたび家畜を殺すことです。エコツーリズムで潤っている観光用の大農場であっても、日常的に家畜を襲うライオンを許すことはありません。数千人の人々とその家畜が暮らす共有地では、ライオンは根絶やしにされています。

　何人かのライオン研究者が指摘しているように、ライオンを守る最善の方法は、牛や山羊から遠ざけることです。ライオンが家畜を襲うのは、家畜が「ボマ」と呼ばれる囲いの中にいる夜間がほとんどです。伝統的なボマはイバラを垣根のようにきつく編んだもので、家畜が中に入ると出入口が閉じられます。しかし、この出入口はボマの中で最も弱い部分でもあります。ライオンが近づくと家畜はしばしばパニックを起こして暴走し、出入口を押し開けて囲いの外に出てしまうため、ライオンに簡単に殺されてしまいます。この解決策として、ボマの周囲を金網のフェンスで囲う方法があります。実際にそのようなフェンスを設置した２〜３の例では侵入を防ぐのに効果がありました。警備員か番犬に見張りをさせることも、家畜の被害を減らすのに有効です。

保全状況　　IUCN レッドリストー絶滅危惧II類（VU）
体　　重　　90 〜 272kg
体　　長　　137 〜 250cm
尾　　長　　60 〜 100cm
産 子 数　　1 〜 7 頭、通常は 3 頭

ジャガー

英名 = **Jaguar**　学名 = *Panthera onca*

　ジャガーは、ヒョウと近縁種で、見分けるのはかなり難しいのですが、ジャガーのほうが体重が重く、はるかに力強い印象があります。ヒョウのようなしなやかな優美さはないかわりに、胸の厚い頑丈な体つきをしていて、頭はとても大きく、足は短くがっしりしています。体が大きくても小さくても、ジャガーには無敵のパワーがあり、体重30kgほどの小形のジャガーでも雄牛を倒すほどです。獲物をしとめるテクニックは圧倒的な筋力と鋭い犬歯を生かしたもので、大型ネコの中でかみつく力が一番強いとされています。

　100万年前のヨーロッパでは、巨大なジャガーがドイツ中央部やフランスの川沿いの森林に数多く生息していました。現在のジャガーの2倍近い当時のジャガーは、オオヤマネコやピューマの祖先と同じ環境にすみ、ヨーロッパの温暖な氾濫原（河川の近くにあり、洪水時に浸水を受ける範囲の低地）の森林でシカやイノシシを襲っていました。ジャガーがアメリカ大陸に渡ったのは比較的最近で、化石と分子の研究により、80万年ほど前にベーリング海峡を経て北米に渡ったと考えられています。その後、28万年～51万年ほど前になって南に移動し、現在生息する中南米に移りすみました。当時の南米には25種ほどの大型草食動物がすんでいましたが、約1万2000年前の更新世末の大絶滅によって、体重約65kg以上の哺乳類はすべて姿を消しました。ジャガーの獲物で生き残った比較的大きな動物は、バク、カピバラ、大形のアルマジロ、ペッカリー、そして2～3種のシカだけでした。

　ジャガーは見るからに、更新世に絶滅した大型動物を襲うのに適した体をしています。幅の広い頭、巨大な犬歯、短くがっしりした足があれば、自分の2～3倍の体重の獲物に立ち向かうことができます。しかし、ジャガーが現在すんでいる環境には、それほどの体でなければ倒せないような大型動物はいません。がっちりした体格と強力な武器を持ちながら、現在のジャガーは、アルマジロ、げっ歯類、鳥類、有袋類など驚くほど小さな動物を食べて生き延びています。本来の獲物のうち、今日でも捕食しているのはペッカリー、

ジャガーの幅の広いがっしりした頭と大きな犬歯は巨大な獲物を襲うのに最適。
ネコ科動物の中でかみつく力が一番強く、大人のブラフマン牛も頭蓋骨に穴を開けて倒してしまう。

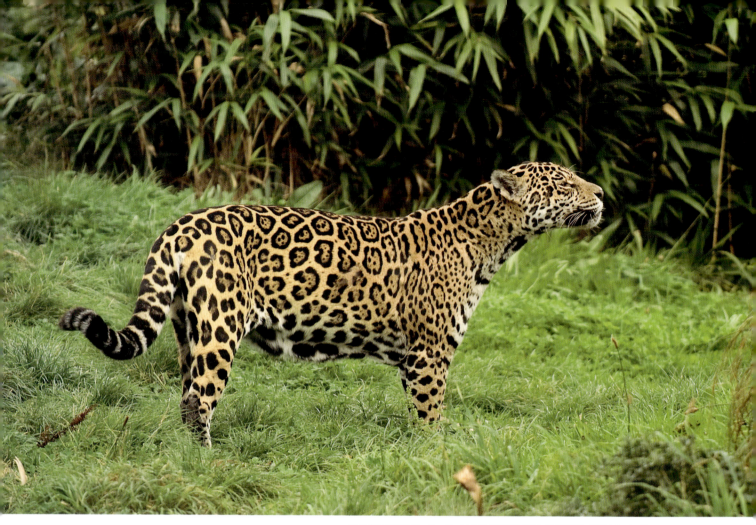

1970年代前半以来、ジャガーは大半の南米諸国で完全保護種に指定されている。
毛皮目的の密猟は減少したが、生息地の環境破壊により行き場を失い、「家畜の殺し屋」として毎年何頭も射殺されている。

マザマジカ、パンパスジカ、カイマンワニ、カピバラに限られ、どれも体重は普通50kg以下です。バクやアメリカヌマジカといったかなり大きな獲物はとても珍しいため、ふだんは小型の動物を主食にしているのです。

　アルマジロやアグーチ、イグアナ、ナマケモノを主食としているペルー、ベリーズ、コスタリカでは、ジャガーの体はずっと小型化していて、体重が大型のラブラドルレトリーバーを超えることはほとんどありません。しかし小型化しても、大型の獲物向きの巨大な頭や鋭い歯、頑丈な前足といった特徴は保っています。

　約500年前、アメリカ大陸にやって来た初期の開拓者が畜牛と馬を持ち込み、更新世末に絶滅した大型動物と同じくらいの大きさの獲物が再び南米に出現することになりました。増殖した畜牛は半野生化して大きな群れで放浪し、ジャガーはこの新しい獲物にすぐさま狙いを定めました。大型の獲物を殺せるだけの体をしていたジャガーは、数百頭の野生化した畜牛を食べて、かつてないほど大型化しました。今日では、ブラジルで飼育され

北米にジャガー？：アリゾナ州に少数のジャガーが生息しているもよう

　ジャガーはかつて米国のオレゴン州からペンシルバニア州にかけての地域を放浪しており、コロンブスの時代までにほとんど姿を消しましたが、アリゾナ州、テキサス州、ニューメキシコ州には比較的最近まで生息していました。1900年以来、米国では62頭のジャガーが、主に米国とメキシコの国境から100km圏内で捕獲または殺されています。

　しかし、最後に捕獲・殺害が確認されてからの数十年は目撃例や記録がほとんどなく、同国から姿を消したと考えられていました。ところが、1996年3月、アリゾナ州南部でピューマのハンターが猟犬とともにピューマのものと思われる足跡を懸命に追ったところ、追い詰められた動物は驚いたことにオスのジャガーでした。6カ月後、別のオスのジャガーがアリゾナ州中南部の山岳地帯で写真にとらえられました。そこで、アリゾナ州の生物学者はトレイルカメラを使った一連の調査を行い、2001年から2007年までに少なくとも4頭の異なるオスのジャガーの写真を70枚以上カメラに収めました。メスの存在を裏づける証拠はまだ見つかっていませんが、オスのうち2頭は数年前から同じ地域で何度も撮影されているため、その地域に生息している可能性が高そうです。メキシコ国境近くにすむこれらのジャガーは、メキシコ州ソノラに比較的多数生息するジャガーの個体群の一部と考えられています。

　1997年、米国魚類野生生物局はジャガーを絶滅危惧種として正式登録しました。

ている畜牛は200万頭を超え、世界最大の畜牛飼育国となっています。

　ジャガーには平均的な体のサイズというものがなく、体重は生息地によって2倍以上の差があります。一番小さいのはペルーにすむジャガーで、オスは約37kg、メスは約31kg、一番大きいのはブラジルのパンタナール地域とベネズエラのリャノの氾濫原にすむジャガーで、オスは約102kg、メスは約72kgです。

　ジャガーは独特の方法で大型の獲物を殺します。ライオン、トラ、ヒョウなどは、のどか首にかみついて大型の獲物をしとめますが、ジャガーはそれ以外に、他のネコ科動物にはない、動物の頭蓋骨にかみつくという殺しのテクニックを持っているのです。ジャガーに殺された雌牛は、両耳の後ろの分厚い骨に2つの穴が開いていることがよくあります。ジャガーはカピバラの後頭部にかみつき、犬歯で脳頭蓋に穴を開けて殺します。ジャガーが犬歯をカピバラの両耳の後ろにぴったりと差し込んだことがわかる頭蓋骨が見つかっています。

　カメは大型ネコの獲物にはなりにくいように思えるかもしれませんが、南米の多くの地域でジャガーの重要な食物の1つになっています。メキシコカワガメは大きいもので体重が31kgもあり、産卵のため陸に上がったメスが狙われます。ジャガーは強くかみついて甲羅の下半分を割り、カメの体に食いつくのです。特に大きいカメの場合は、背甲と腹甲の間に爪を入れて肉をかき出すこともあります。カメが産卵する海岸では、ジャガーの体毛が付いた空の甲羅がひっくり返された状態で見つかることも珍しくありません。

ジャガーはたびたび小川や水路の近くで目撃され
日光浴をするカイマンワニや産卵のため陸に上がったカメを襲う。
ジャガーのひとかみは、カイマンの硬い皮を突き破り
大型カワガメの厚い甲羅に穴を開けるほど威力がある。

なぜ人間はジャガーのメニューに載らないのか

　トラやライオン、ヒョウが人間を襲った例はたびたび報告され、時にはピューマが襲ったという記録もあります。しかし、ジャガーが人間を襲うことはほとんどありません。なぜ大型ネコは人間を殺すのかという疑問に多くの人々が取り組んできましたが、本当に疑問なのは、ジャガーはなぜ人間を襲わないのかということでしょう。

　言うまでもないことですが、ジャガーは人なつこい性格だから、というわけではありません。ジャガーは大型ネコの中で最も手なづけにくいとされ、人工飼育された個体でも気難しく、気分にむらがあります。ステージで輪をくぐったり芸をしてみせるジャガーがいないのはこのような理由からです。では、どうして？

　ネコ科動物は、獲物の選び方を学習し、文化的に受け継ぐと考えられます。大人のトラやライオンが、ゾウを殺したり、バッファローのような手強い相手をしとめたり、そして人間を食べたりする方法を子供に「教えた」という実例はいくつもあります。人間を襲った大型ネコを射殺すると、その後は襲おうとしなくなるということも、大型ネコが学ぶ動物であることを裏づけています。

　大型ネコはアフリカ・アジアの全域で古代の人間や類人猿とともに進化し、数十万年の間、こうした古代の霊長類を捕食してきました。南アフリカでは、150万年前の若い原人の頭蓋骨の破片に、ヒョウの歯によるものとみられる典型的な1対の穴が開いていました。しかし、北米と南米では、人間とジャガーは2000～3000年ほどの年月を共にしてきたにすぎません。南米にはアフリカのゴリラやチンパンジーのように地上で生活する大型ザルは存在せず、サルのほとんどは木の上で生活する小型の種です。ジャガーはまだ人間を食物とする味覚を発達させていないだけで、これから人間の味を学べば、食べることもあるのかもしれません。

　ライオンやトラ、ヒョウの社会構造と違って、ジャガーの社会構造には今も謎の部分が残っています。GPS（全地球測位システム）発信機付きの首輪を使った最近の詳しい研究でも、その社会がどのように機能しているのか完全にはわかりませんでした。ジャガーの社会構造は一見入り組んでいるようですが、他のネコ科動物と同じようににおいや目に見えるマーキングを使って互いにコミュニケーションを取っています。一番よく知られているコミュニケーションの手段は吠え声です。古い時代の博物学者や探検家は、ジャガーの吠え声を雷やカイマンの叫びにたとえましたが、「のどから搾り出すような短く鋭いアーアーアー（uh-uh-uh）という音を5～6回繰り返す」という説明が最もわかりやすいでしょう。ハンターはヒョウタンや貝殻に息を吹き込んで、ジャガーの低いうなり声を真似ます。オス、メスともに吠え、2頭が吠え声のやり取りを2時間続けた例もあります。

　ジャガーはうっそうとした熱帯林や乾燥した低木地、湿地草原、さらにはマングローブ湿地にも暮らしています。大半の生息地で、ジャガーの生活は小川や水路と深く結びついています。泳ぎが得意で川を泳いで渡ったり、トラと同じように、小川に浸かって日中の暑さをしのぐこともあります。

羊と同じくらいの大きさのカピバラは世界最大のげっ歯類。
半水生で社会性が高く、10〜20頭のグループでサバンナや森林で暮らしている。ジャガーの好きな獲物の1つ。

ジャガーはペッカリーが特に好物らしく、南米の一部の地域では、クビワペッカリーとクチジロペッカリーが食物の4分の1以上を占めている。

黒い個体：野生ネコ科動物のメラニズム

　黒色の個体はヒョウ、ジャガー、ボブキャット、サーバル、ゴールデンキャット、ジャングルキャット、ジャガーキャット、ジェフロイキャット、コドコドなどネコ科の4分の1の種に出現します。全身白色で目の赤いアルビノの個体は多くの種でまれに見られますが、全身黒色のメラニズム（黒色素過多症）の個体も同じで、その黒い色は太陽からの紫外線を吸収するメラニン色素によるものです。

　イエネコとヒョウは単一劣性遺伝子が黒っぽい体毛の色を支配しているため、同じ母ヒョウから黒色の子供と斑点のある子供が生まれたり、斑点のある両親から黒色

の子供が生まれたりすることがあります。ジャガーの場合、メラニズムは優性対立遺伝子に支配されます。黒色のネコ科動物が黒いのは、毛色を決定する遺伝子の突然変異によるものです。しかし、毛色を決定する色素遺伝子は、体の機能において、より大きな役割を果たしていることが多く、一見無関係な2〜3の特性に影響を及ぼすことがあります。古くは1828年に、チャールズ・ダーウィンが『種の起源』で青い目のネコと難聴との関係に言及しました。ほとんどの人は、白色のネコは色素細胞がないために白いということを知っていますが、驚いたことに、色素細胞の欠如は白色のネコの難聴にも関係しているとされています。その鍵は、片方の目が青で、もう片方の目が黄色の白いネコは、多くの場合青い目の側の耳に障害があるという事実にあります。実験用マウスを使った研究によると、色素細胞は外耳道内の体液維持に関わっていて、この体液がなくなれば外耳道が塞がり、聴神経の機能が低下して、難聴になるとのことです。

　メリーランド州にある国立がん研究所ゲノム多様性研究室のエドゥアルド・エイジリク、スティーブン・オブライエンらの研究者は、ネコ科動物の黒色の体色を発現させる遺伝子の同定、複製、および配列決定に成功しました。黒色の個体に関する1つの説明は、「暗く湿度の高い森林に住む動物は一般にカムフラージュのため毛色が黒っぽくなる」というものです。アフリカのヒョウはほとんどの時間を太陽光がまだらに注ぐ開放的な環境で過ごしているので、斑点のある体毛が周囲の目をくらますのにうってつけですが、暗い熱帯林では斑点よりも黒い体毛の方がカムフラージュとしては効果的と考えられます。「おそらくメラニズムの最大の利点は、ハンターの目をごまかせるということでしょう」とエイジリクは言います。

　一方で、研究室主任のオブライエンによると、周囲の目から隠れる以外にもさまざまな選択圧があるといいます。「生態環境に関連する選択圧の7割は病原体と疾病から生じているというのが、もう1つの説です」とオブライエンは説明します。最近の研究によって、体毛の色を決定する遺伝子は免疫系にも影響を及ぼすことがわかりました。「体毛の色に用いられるタイプの受容体は、病原体の細胞侵入にも関与しています。このような体色の突然変異の一部が、過去の伝染病への適応の結果生じた可能性は十分考えられます」とオブライエンは語っています。

ヒョウ系統・ジャガー
Panthera Lineage・Jaguar

足跡だけが、ある場所にジャガーが存在することを示すただ1つの証拠であることは少なくない。
メスの細長い足跡に比べると、オスの足跡は大きく、丸みを帯びている。

ジャガーの分布図

ジャガーに殺される畜牛の数は、場所によって違います。個体によって、畜牛が食物の半分以上を占めるものもいれば、ほとんど家畜を襲わないものもいます。しかし、畜牛を襲われた農場主が報復にジャガーを殺しているため、ジャガーの将来は畜牛の大規模放牧と深く関わっています。人間による直接的な迫害は、どの生息地でもジャガーの長期的な生き残りに対する一番の脅威と見なされています。生物学者と保全団体は相当な時間と努力を費やして、ジャガーによる畜牛の被害を減らす方法を模索しています。

　雌牛と生まれたばかりの子牛を3カ月以上保護する「母子牧場」という実験的な試みを行っている農場もあります。この牧場にはフェンスの囲いがあり、森林地帯から離れた場所に設置すると最も効果的です。繁殖期間を一年中ではなく2〜3カ月に短縮するため、雌牛と子牛の保護がやりやすくなり、コストも低下します。畜牛の品種を、特に捕食者に勇敢に立ち向かうことで知られる品種に切り替えることも試みられています。家畜を閉じ込めておく囲いの周囲に電気柵を張りめぐらすことも被害防止に役立ちますが、熱帯性気候では維持管理が問題になります。最終的には、群れの管理の改善と、家畜被害に対する補償や被害防止策に対する優遇税制の組み合わせがある程度の解決策になるでしょう。しかし、手近に畜牛という大型の獲物がいて簡単に殺せるとなれば、ジャガーが畜牛を襲うのを止めることはなさそうです。

保全状況	IUCN レッドリストー準絶滅危惧（NT）
体　　重	31〜121kg
体　　長	110〜170cm
尾　　長	44〜80cm
産 子 数	1〜4頭

トラ

英名 = **Tiger**　学名 = *Panthera tigris*

　黒っぽい縞模様と金色に輝く体毛は、檻(おり)の中では発光装置のように目立ちますが、森林のまばらな光の下では、大胆な模様が影に溶け込み、巨大な体はすっと姿を消してしまいます。

　トラは力強くたくましい動物です。分厚い首と広い肩、そして大きな前足で大型の獲物に飛びかかり、幅広の足先と長い爪で相手を組み伏せてから、がぶりとかんで殺します。体重が自分の4〜5倍もある動物——たとえば225kgのオスのトラであれば910kgのオスの野牛ガウル——も1頭で倒すことができます。

　トラは走りが不得手で、獲物を追いかけることはまれです。他のネコ科動物と同じようにつま先で歩き、つま先の柔らかい肉球が体重を分散するため、動きはなめらかで、音も立てません。獲物を狙うときはすぐ近くまで忍び寄り、猛烈な勢いで一気に襲いかかります。

　トラはほとんどの場合夜行性で、獲物の活動時間に狩りをし、1晩に3〜30kmの距離を歩きます。自分の生息地を知り尽くしているため、狩りをしながらうろつき回ることはほとんどなく、目指す方向にまっしぐらに進みます。縄張り内のいい狩り場とそこまでの最適ルートが頭の中の地図に描かれているかのように、狩り場から狩り場へと移動することもしばしばです。道路や小道、小さな渓谷などを通って静かに軽々と移動し、水飲み場の近くやシカやイノシシが餌を食べている場所のそばの茂みで待ち伏せします。

　ロシア極東部のトラは、深い雪の中では狩りをしません。雪が凍りついて歩きにくいうえ、音を立ててしまうからです。雪の深い場所を移動するときは、凍った河川敷やシカの通り道のような、雪が比較的少なく歩きやすい場所を選びます。

現存するネコ科動物中最大のトラは、自分より数倍大きい獲物を襲う。

ネコ科動物で体毛に縞模様があるのはトラだけ。
顔であれ肩や横腹であれ、同じ縞模様を持つトラは他にはいない。

大人のオスのガウルは手強い獲物で
この体重910kgの野生生物を倒そうとして
逆に殺されるトラもいる。

「もう1つのトラ」：
野生のトラと数はほぼ同じでも、保全価値はほとんどない

　今日では、アジアの森林を放浪する野生のトラよりも多くのトラが、米国の裏庭に置かれた金網の檻で暮らしています。米国では推定3000〜4000頭のトラが飼育されているのに対し、野生のトラの数は3500頭にすぎません。驚いたことに、米国ではトラは家畜とほとんど同じくらい簡単に買うことができ、値段も同じくらい安いのです。たとえば、テキサス州では誰でもトラの子供をたった500ドルで買えるうえ、自宅の裏庭でトラを飼うことが法律で認められています。しかし、可愛くてやんちゃな子供が大人になると、それまで夢中になっていた飼い主は里親探しに血眼になり、「良い方には無料で差し上げます」といった広告を出したりするようになります。大人になったペットのトラの引き取り手を見つけるのは簡単ではありません。

　トラを買う人には悪気はなく、その多くはトラを自分のものにするという誘惑に勝てなかった動物好きです。トラの子供は心がとろけるほど愛らしく、6カ月まではそれほど手がかかりません。しかし、大人になると危険な兆候が現れるようになります。それまでゴールデンレトリーバーと楽しげに遊んでいた子供は、相手を噛んだり、強打したり、尿をまき散らしたりするようになり、飼い主は大型ネコを家のそばで飼うことに疑問を感じ始めます。

　北米には数千頭もの引き取り手のないトラがいます。評判のよい生物保護区や救済施設はそのようなトラであふれ、里親探しが追いつかない状況です。しかし、引き取り先が増えても問題解決にはつながりません。問題を解決するためには、トラをペットとして飼うのはとんでもない考えであるという理解を広める啓蒙活動と、その後ろ盾になる、希少動物の民間繁殖を禁止する法律の制定・遵守が必要です。

　これほど多くのトラを個人が飼育していることのもう1つの問題点は、フィリップ・ニューフースと共著者の言う「歪められた優先順位と間違ったメッセージ」です。ナイハスたちはジークフリード＆ロイ（ホワイトライオンやホワイトタイガーの登場するイリュージョンショーがラスベガスで人気を集めた2人組）を例に挙げていますが、交配によって作り出した個体を「ゴールデン・タイガー」「スノー・タイガー」「ロイヤル・ホワイト・タイガー」「マジカル・ホワイト・ライオン」などと名づけて売り出している飼育業者も同じです。ジークフリード＆ロイやこうした飼育業者は、残り少ない最後の特別なトラやライオンをどうやって保全しているのかを、情緒に訴えるように説明します。そのメッセージは人々の共感を呼びますが、問題は、メッセージの内容がまったくの見当違いであるということです。色変種は保護を必要とする希少な生き物ではありません。遺伝子の異常によって出現し、人間によって固定化されているのです。囲いの中で暮らし、野生に戻すことは決してできません。悲しいことですが、このような色変種に保全価値はなく、それどころか保全についての正しいメッセージの重要性を低下させてしまいます。それは野生のトラを救うことにはならないのです。

現代のロシア極東部にすむトラの平均体重は約225kg。
過去のアムールトラはもっと大型だったと考える専門家もいる。

トラは自分の3〜4倍の体重の獲物を殺すことができる。広い肩と巨大な前足は、ガウルや野生のイノシシ、大形のシカなどを組み伏せるのに理想的。

　忍び足で進むトラはまさに集中力の塊で、絶えず状況をうかがい、位置を少しずつ調整しながら攻撃の準備をします。攻撃を成功させるには、いい加減な気持ちではいけません。全身全霊で爆薬のような一撃を加えなくてはならないのです。獲物が蹄を蹴り上げたり角を突き上げたりしても、ひるまずに一かみで殺す必要があります。傷を負うことは、死刑宣告を受けるのと同じです。けがで狩りができなくなれば、飢えるしかないからです。

　トラが獲物を殺す基本的なテクニックは2つあります。小型の動物は首の後ろにかみついて殺し、大型で危険な動物はのどにかみついて気管をつぶすのが普通です。だいたい1週間に1度大きな獲物をしとめ、それで数日食いつなぎます。しとめた後は、獲物のそば

トラの保全：
生きたトラより死んだトラのほうが高く売れるという「不道徳」な問題

　トラは数え切れないほどの募金キャンペーンや保全プログラムの対象になっています。ところが、政府や保全団体が最後のトラとその生息地を保護するために毎年4700万ドル以上を費やしているにもかかわらず、トラの数は減り続け、野生のトラは残りわずか3500頭ほどです。

　トラの保全はさほど難しくないと思われるかもしれません。トラは自然の力の象徴として、世界中の人々から恐れと敬意を集めてきました。世界で最も好きな動物のアンケートでは、いつもトップに選ばれています。野生のトラは人間の資産や家畜に大きな損害を与えることはなく、たとえ家畜を殺すようなケースでも、補償制度を設けるするのは難しくありません。トラは確かに広い面積の連続する生息地と豊富な獲物を必要としますが、それは他の種のためにも確保されることになります。トラの場合、最大の問題は値段の付け方です。トラの保護が、ジャガーやパンダをはじめ、その他ほとんどの動物よりも難しくなっているのは、実は、生きたトラより死んだトラの方がはるかに高値で取引されるからです。

　人によってトラに対する考え方には大きな隔たりがあります。多くの人々、特に西洋の人々は、野生のトラの存続と繁栄を望んでいますが、トラの近くで生活する貧しい農家の思いは複雑です。それ以外の人たちにとっては、トラの価値は体の部分部分にあります。現在、トラの死体には5万ドル以上の値段が付けられています。毛皮、骨、ヒゲ、歯、爪など体のあらゆる部分が商品になり、その需要は尽きることがありません。種としてのトラを救うには、生きたトラの値段を死んだトラよりも高くする方法を見つける必要があります。

空地の隅で
陰になりそうなものはなんでも利用して身を隠し
獲物にできるだけ近づいておいてから
いきなり襲いかかるのが
トラの狩りの流儀。

黒いトラ：黒いトラの記録は残っていない

黒いトラに関する報告は過去にいくつもありますが（そのうち数件はクマや黒いヒョウだったことがわかっています）、写真も毛皮も残っていません。黒い縞が体の一部で合わさった部分的に黒いトラは存在する可能性が高く、実際に頭と背中が黒い毛皮は存在します。インドのオリッサ州の密猟者も最近、体の一部が黒いトラを殺しています。

に寝そべって途切れ途切れに肉を食べ、24時間に14〜27kgの肉を食べることも少なくありません。ネパールにすんでいた並外れて体の大きいオスは、1晩に34kgの肉を平らげました。1頭を数頭で分け合う場合は長くはもちません。メスのトラと2頭の大きな子供が2日間に100kgの肉を食べ尽くし、骨だけにしてしまったこともあります。

若いオスのトラは、生まれて18カ月程度で殺しの名手になります。メスはこれより時間がかかり、母親といる時間も長いようです。メスは成熟すると母親のそばに住みつく傾向があるため、血縁関係の近いメスは、ライオンの群れをまばらにしたような集団で近くに集まって暮らします。

メスと違い、若いオスのトラは18〜24カ月で母親のもとを去り、自分の縄張りを求めて広い範囲を歩き回ります。その移動距離はかなり長くなる場合があり、インド南西部のあるオスは少なくとも200km、別のオスは280km移動したと言われています。これは出発点と帰着点の直線距離ですから、実際にはもっと回り道をしていたかもしれません。

ネコ科最大の動物であるトラは、鼻先から尾の先までの長さが平均約3mあり、オスの平均体重は180〜225kg、メスはこれよりやや小さく体重は100〜160kg前後です。スマトラ島やインドネシアのその他の島々にすむトラは、北部地域のトラより小型で毛色も黒味を帯びています。

興味深いことに、過去には315〜385kgの巨大なアムールトラの個体が何頭か記録に残されていますが、現代のアムールトラの大きさはインドトラやベンガルトラとあまり変わりません。なぜそれがわかるかというと、ロシア極東部のアムール地域のトラに無線機付きの首輪をつけて15年間追跡しているシベリアのプロジェクトで、一番大きなベンガルトラを超える体重の野生のトラがいまだに見つかっていないからです。過去に記録されたアムールトラの個体の体重が重かったのは、現地調査の推定が過大だったか、超大型のトラはとても希少でロシアにはもはやそのようなトラがいないか、どちらかでしょう。

トラが現代の変化の激しい環境でも生き残れる理由の1つは、適応力の柔軟性にあります。驚くほどさまざまな生息環境に耐え、ラジャスタン州（インド）の暑く乾燥したトゲだらけの林やサンダーバンズ（インド・バングラデシュ）の高温多湿で潮の干満のあるマングローブ林にも適応しています。熱帯林でもロシア極東部の森林地帯でも生活でき、マ

ホワイトタイガー：絶滅危惧種か、それとも……？

人々はホワイトタイガーに魅了されます。動物園でも、サーカスでも、マジックショーでも、大勢の人々を呼び込んで大きな利益をもたらし、完全なホワイトタイガーであれば1頭5万ドルで取引されるほどです。けれども、一部で言われるように、ホワイトタイガーは本当に保護が必要な絶滅危惧種なのでしょうか。

ホワイトタイガーは普通のトラの白変種で、遺伝子の突然変異により出現します。野生のトラでは、ホワイトタイガーの毛色を発現させる遺伝子の変異はほとんど起きません。「ホワイトタイガーは絶滅危惧種ではなく、別の種ですらありません。主に金儲けの手段です」と元ミネソタ動物園保全ディレクターのロン・ティルソン博士は言います。「人間が金銭目的で交配によって作り出したのです」

1951年にインド中央部で、後にモハンと名づけられたオスのホワイトタイガーが捕獲されました。人々はモハンを父親にしてできるだけ多くの白いトラの子供を殖やそうとしましたが、問題がありました。父親と母親の両方が希少な白い体毛の遺伝子を持っていないと、ホワイトタイガーは生まれないのです。モハンとつがいにできるホワイトタイガーのメスを見つけられる確率はかなり低いものでした。そこで、モハンと、白い体毛の遺伝子を持っていると思われる娘のラーダを交配させた結果、4頭の白い子供が生まれました。子供たちが成長すると、父親であるモハンと交配させました。このような父親と娘の交配は近親交配と呼ばれます。

ホワイトタイガーの存在が議論を呼んでいる理由は近親交配にあります。ホワイトタイガーを殖やすためには、モハンと娘のラーダのように近親間の交配が必要です。このような交配はさまざまな身体的問題を引き起こしています。斜視や白内障、口蓋裂、股関節形成不全、脊椎湾曲はホワイトタイガーにしばしば見られます。

「あまり話題には上りませんが、ホワイトタイガーやホワイトライオンを殖やすには、父と娘、父と孫娘といった近親交配を続けていかねばなりません」とティルソンは言います。「このような近親交配の影響で死ぬ子供の数は決して表に出ないのです。珍しい毛色の変種が生まれてくる陰で、多くの子供が生まれつき重い奇形を持っています。見た目は美しいかもしれませんが、実際にはひどい状況です。生まれてくる子供の半分以上が死んでしまうのですから」

完全に白色ではない子供が生まれてくるという問題もあります。理想的なホワイトタイガー——真っ白な毛に黒い縞が入り、アイスブルーの目をしたトラ——を1頭作り出すために、何百頭もの見た目が不完全な子供が捨てられるということです。このような子供は安楽死させられたり、ペット業者や観光用動物園に引き取られたりします。この問題への懸念から、評価の高い多くの動物園は、客を呼び込めるとわかっていても、ホワイトタイガーの展示をやめています。ワシントンD.C.の国立動物園やミネソタ動物園などの動物園は、もはやホワイトタイガーの交配も飼育も行っていません。これらの動物園は、ホワイトタイガーがどうやって生まれてきたのか、人々が真実を知ることで、交配による繁殖を支持するかどうかを自分自身で判断できるようになるのではないかと考えています。

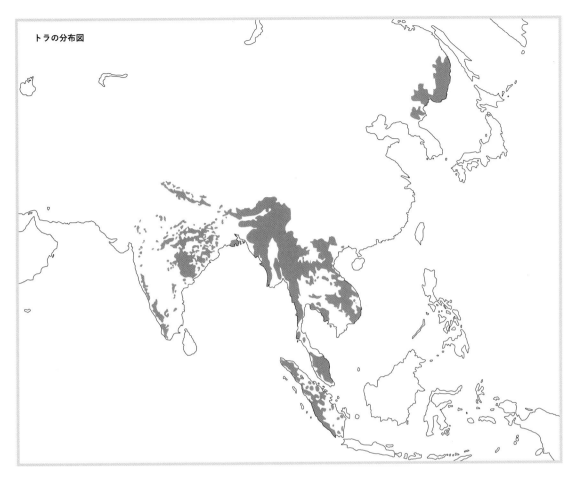

トラの分布図

イナス34℃の気温でも生きていけます。繁殖力も旺盛で、メスはしばしば3〜4頭の子を生み、2年以内に再出産することもあります。このことは、獲物と生息環境が維持されていればトラの頭数が急速に回復することもありうるということを意味します。

アジアはどこでも森林と集落が隣り合っているため、トラは日中、人間の声が聞こえる場所で過ごします。一般に、体を隠すことのできる茂みと野生の獲物が豊富にあり、生活をかき乱されたり迫害されたりしない限り、トラは姿を見られることも気づかれることもなく人間と共存できます。

保全状況　IUCNレッドリスト－絶滅危惧IB類（EN）
体　　重　75〜261kg
体　　長　146〜230cm
尾　　長　87〜109cm
産子数　1〜5頭、通常は2〜3頭

ユキヒョウ

英名 = **Snow Leopard**　学名 = *Panthera uncia*

　中央アジアの山岳地帯でしか見られない希少なユキヒョウは、地球上でも数少ない険しいゴツゴツした地形にすんでいます。切り立った岩とガレ場が続く月面のように荒々しい風景の中を歩き回り、冬には岩だらけの崖でバーラルを追いかけ、夏には高山の草原で肥えたマーモットを探します。がっしりとして足が短く、ワイヤーアクションさながらの狩りを得意とし、跳ぶ方向をちょっと間違えば90m下に落下するような場所から獲物を襲うのもお手の物です。体とは不釣合いなほど大きな足先は岩をしっかりとらえ、人間の腕ほどの太さの尾は体のバランスを取るのに役立ちます。大人のユキヒョウはゴールデンレトリーバーと同じくらいの大きさですが、自分の体重の3倍もある野生ヤギを倒すことができます。

　ユキヒョウの一番目立つ特徴は、上まぶたのさがった、忘れられない印象を残す淡い色の目で、常に遠くを見つめているように見えます。他のネコ科動物と違い、ユキヒョウの虹彩は薄緑色か薄灰色です。指ほどの長さのくすんだ色の体毛には、輪郭のぼやけた濃い灰色の斑紋があり、岩や大きな石の間ではほとんど姿が見えなくなります。身を切るような風と寒さの中で休むときには、太くて長い尾をマフラーのように体に巻きつけて生き延びます。

　ユキヒョウの頭蓋骨は、横から見ると眼窩の前面に凹みがあり、鼻口部は短く、鼻腔は大きく、額は半球状に盛り上がっています。大きな鼻腔のおかげで気温が低く酸素が薄い高地でも楽に呼吸ができると考えられています。

　足先はとても大きく、岩だらけの斜面をつかんだり、柔らかい雪の中を「かんじきを履いたように」歩くのにうってつけです。歩くときは、河岸段丘や陵線、深い峡谷の底に沿った小道を選びます。他の多くのネコ科動物と違って、深い雪の中を長い距離移動するのは平気なようで、中国西部で科学者が足跡をたどったユキヒョウは、3フィート（1メートル）の深さに積もった雪の中を休まずに10km歩き続け、雪の中にはところどころ、ユキヒョウの腹がこすってできた溝状のくぼみが残っていました。

筋肉質でがっしりしたユキヒョウは、巨大な前足を使って岩だらけの斜面を登り深く柔らかい雪の中を、かんじきを履いたように楽々と歩く。

ユキヒョウは短い鼻口部と盛り上がった額のおかげで鼻腔が大きく、気温が低くて酸素の薄い高地でも楽に呼吸できる。

　ユキヒョウの主な獲物はバーラルとアイベックスですが、大型の獲物が乏しい地域ではマーモットなどの小型動物を襲って食べ、場所によっては夏場の食物の半分近くをマーモットが占めることもあります。不思議なことに、ユキヒョウは植物も大量に食べます。何人かの専門家が発見した糞には柳の小枝とその他の植物しか含まれていませんでした。すべてのネコ科動物は少量の植物を食べますが、ユキヒョウ以外にこれほど大量の草木を食べる例は報告されていません。

カメラを使った個体数測定：
エリア内に侵入せずに個体数を推定する方法

　1991年に、インドの研究生物学者K.ウラス・カランスは、フィールド生物学の最も根本的な課題の1つを解決する画期的なアイデアを思いつきました。野生のトラの個体密度（一定面積当たりの個体数）推定という問題に取り組んできたカランスは、動物の足跡に沿ってカメラを設置することでトラの写真が撮れるのではないかと考えたのです。

　それから数十年後の現在、この動物の個体数調査方法は「カメラトラップ」と呼ばれ、トラ、ヒョウ、ジャガー、ユキヒョウといった謎の多い夜行性動物の個体数を推定する最も一般的な方法の1つとなっています。生物学者は森の中の動物の通った跡や出現しそうなルートにカメラを設置し、何かの動物がカメラの前を通ると、カメラが自動的に作動してその動物の写真を撮影します。生物学者は、森の中のあらかじめ決めておいた場所に一定の期間このような自動撮影カメラを数十台設置し、撮影された写真を複雑なコンピュータモデルを用いて分析して、地域内に生息する個体数を細かく推定しています。この方法は、体に特徴のある模様が入った動物に使うと一番効果的です。

　カメラトラップ法は、保全に関するさらに具体的で実践的な疑問の答を見つけるのにも利用できます。科学者は、鳥の巣に餌として持ち込まれる昆虫の数を数えたり、水飲み場を見張ったり、動物のための横断路をどこに建設したらよいかを判断したりするために、遠隔カメラを利用しています。フロリダ州では、絶滅の危機にあるフロリダピューマの死因の半数近くが、車との衝突でした。そこで、州南部の主要高速道路をヒョウが横切れるように何本かの地下道建設が計画され、フロリダピューマが本当に地下道を使うのか知る必要があると考えた生物学者がカメラトラップ法による調査を行いました。その結果、ピューマだけでなく、ミシシッピワニを含むその他すべての種類の動物が実際に地下道を使ったことが明らかになり、1本100万ドルの費用がかかる地下道の建設を続けてよいというゴーサインが出たのです。地下道ができたことで、高速道路で事故死するピューマはいなくなりました。

飼育状態では並はずれて人なつこく穏やかで、野生でも大型ネコの中で一番攻撃性が弱いことで知られている。

　ユキヒョウは、トラやライオン、ジャガー、ヒョウのように吠えることはないのですが、怒りで「カッ」と叫んで唾を飛ばしたり、シャーッという音を立てたり、うなったり、のどをゴロゴロいわせたりします。オスもメスも甲高い声で鳴きます。最もよく鳴くのは発情期のメスで、これは交尾期にオスとメスが互いを見つけるのに役立ちます。大型ネコとしては珍しく、繁殖期と出産のピークははっきりしていて、ほとんどの子供は5月と6月に洞窟や岩の割れ目で生まれます。子供を早く成長させるため、この時期の母親は気候が厳しくなる前に十分な食物を蓄えておかなければならないという重圧にさらされます。2〜3カ月後には冬の寒さが到来し雪が降るため、子供はそれまでに十分な大きさに成長し、母親の後をついて歩けるようになっていなくてはいけないのです。ユキヒョウが冬の間、時には2〜3頭、まれには5頭の集団で移動するのは意外なことではありません。このような集団のほとんどは、母親と大きくなった子供たちです。

画期的なユキヒョウの保全プログラム：
現地住民を巻き込んだ保全プログラムが実を結ぶ

　中央アジアの全域で、宗教、言語、習慣の違う人々がユキヒョウと獲物を競い合っています。荒れたすみにくい土地で命の危険にさらされながら、人々はアイベックスやバーラル、そして動く物ならほとんど何でも殺します。ユキヒョウの夏場の主食であるダックスフントほどの大きさのマーモットでさえ、肉と毛皮を目的に撃つのです。狩りや過放牧によって野生の獲物がいなくなってしまった場所では、ユキヒョウは家畜も襲うようになり、村人は報復としてユキヒョウを罠にかけます。

　アジア全域の貧しい農牧民は、ユキヒョウに簡単に手に入る食物、つまり家畜を提供することで、その保全に補助金を出しているようなものです。スノーレパード・コンサーバンシーの創始者であるロニー・ジャクソンは、状況を一言でこう説明しています。「ユキヒョウの存続は、同じ環境で生きていこうとする自給自足の農民と不安定ながらも共存できるかにかかっています」。保全団体は、ユキヒョウが生き延びるためには、生物学者が現地の人を巻き込んで、ユキヒョウだけでなく地域住民のためにもなる保全プログラムを考え出す必要があると気づきました。

　同団体はモンゴルで、ユキヒョウ保護に対する地域住民の支持を得るための特別なプログラムを開発しています。このプログラムは、現地の牧民とその家族が、ユキヒョウとその獲物になる動物を殺さないという契約書にサインするかわりに、スノーレパード・トラストを通じて販売される羊毛製品や手工芸品を作るための訓練を受け、道具を受け取るというものです。2007年には約9万ドル相当のモンゴルの手工芸品が販売され、400の牧民家族の収入は40％近く増加しました。収入が大きく増加したため、このプログラムに反対する住民はいなくなり、密猟を防ぐために、住民自身が村の内外の監視を行うようになりました。このプログラムは大成功したので、現在はこれと同じようなプログラムをキルギスタンの5つの村とパキスタンの3つの村で試みています。

　別のアプローチとして、保全団体がインドのヘミス国立公園の近くの住民に、家畜を入れる囲いに取り付ける木製のドアや金網のフェンスを提供した例もあります。これによって、羊やヤギがユキヒョウに襲われる被害はほとんどなくなりました。ユキヒョウやその他の野生動物を保全するためには、地域住民と国際保全団体、そして先進国の一般市民が関わっていく必要があります。もしあなたがロンドンやニューヨークに住み、ユキヒョウが地球上から姿を消してほしくないと願っているなら、「ユキヒョウが好き」と言うだけではもはや十分ではなく、ウェブ上でモンゴルの牧民の家族が作った工芸品を買ったり、インドの貧しい農民のために金網のフェンスを購入する団体に寄付をしたりすることが必要かもしれません。

　ユキヒョウは、飼育状態では並外れて人なつこく穏やかで、野生でも大型ネコの中で一番攻撃性が弱い部類に属するようです。ユキヒョウが人間を襲った例はほとんどなく、家畜を襲っても人間の子供が棒を振り回しただけで簡単に獲物を譲ってしまいます。自分の身を守ることも少なく、武器を持たない村人に石を投げつけられたり打たれたりして殺されることがあります。

　ユキヒョウは数十年前まで、出没する範囲が人の近づきにくい場所であるというだけの理由で、比較的安全に暮らしてきました。しかし今日では、かつて探検家に「アジアの死せる心臓部」として知られたこの不毛な広い土地で、さまざまな民族がヤギ、ヤク、ラクダをはじめとする家畜の飼育でなんとか生計を立てていて、その人口は増加しています。厳しい環境でぎりぎり命をつないでいる山岳地帯の住民は、アイベックスでもバーラルでも、動く物ならほとんど何でも殺し、ユキヒョウの夏場の主食であるダックスフントほどの大き

ユキヒョウは中央アジアの高山地帯でしか見られない。崖や尾根、深い渓谷で地形が分断される岩だらけの場所に生息している。

さのマーモットまで、肉と毛皮を目的に射殺します。狩りや過放牧によって野生の獲物がいなくなってしまった場所では、ユキヒョウは家畜も襲うようになり、村人は報復としてユキヒョウを罠にかけます。

　密猟者も毛皮と骨を目的にユキヒョウを狙います。キルギスの天山山脈自然地理学局の元研究者、ユージン・コシュカレフは「1993〜1994年の冬には、ユキヒョウの毛皮にキルギスの最低年間賃金の6倍以上の値がついていました」と述べています。毛皮だけでなく骨も、中国の漢方薬として使われるトラの骨の代用品として取引されます。

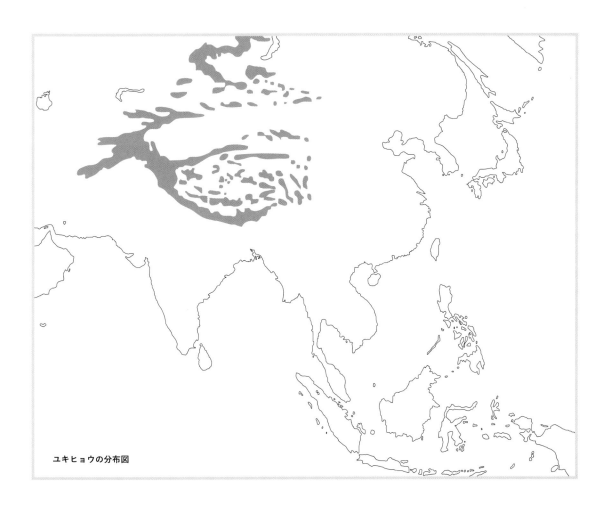

ユキヒョウの分布図

　専門家の推定では、野生のユキヒョウの数は現在 4,500 頭から 7,000 頭で、1973 年以来、ユキヒョウは正式に絶滅危惧種に指定されています。ユキヒョウ保護団体のスノーレパード・コンサーバンシーは、これまでにない画期的な草の根の取り組みを通じて、現地の人々が絶滅の危機にあるユキヒョウとその生息地を効果的に管理できるよう支援しています。このプロジェクトと現地調査に関する情報、そして募金に関する詳細は http://wildnet.org/wildlife-programs/snow-leopard でご確認ください。

保全状況　IUCN レッドリスト－絶滅危惧 IB 類（EN）
体　　重　22～55kg
体　　長　86～125cm
尾　　長　85～105cm
産 子 数　1～5頭

ヒョウ

英名 = **Leopard**　学名 = *Panthera pardus*

　ヒョウにはネコ科の魅力がギュッと詰まっています。すぐ近くでは息をのむほど美しい斑点しか目に入りませんが、100歩引いてみると、この見事な模様は透明マントに変わり、ヒョウの姿は魔法のように消えてしまいます。このいかにもネコ科らしい動物は、大型ネコのパワーと力強さ、そして小型ネコの優美さと適応力をあわせ持っています。細長い筋肉質の体、太くて力強い足、そして幅広の足先は、ありあまるほどの体力を感じさせますが、これほどの大きさのネコ科動物にしては珍しく、必要に迫られればイヌやノウサギだけを食べて生きていくこともできます。

　ヒョウはおそろしく多才なハンターです。臨機応変で、捕まえられる物なら何でも食べ、食生活は手に入る獲物でほぼ決まります。体重10〜40kgのダイカー、ガゼル、シカ、イノシシが好物ですが、ジャッカル、オオミミギツネ、ヤマアラシ、ツチブタ、センザンコウ、ノウサギ、タケネズミや、時にはダチョウも食べます。また、驚くほど大型の霊長類を襲うこともあります。ヒヒ、ラングール、リーフモンキー、マカクを捕食し、大人のチンパンジーやゴリラまで餌食にするほどです。

　南アフリカのカラハリ砂漠で実施された、注目に値する調査によって、砂漠で暮らすヒョウの生活ぶりがかなり詳しくわかってきました。調査では、生物学者がトラッカーのブッシュマンと一緒に砂の上のヒョウの足跡を数百km追跡し、ブッシュマンが一歩ごとにヒョウの日常の動きを再現しました。ブッシュマンは、ヒョウがどこでうずくまってオオミミギツネやトビウサギを見張り、どこで休んでいたのか、またどのくらい頻繁に他のヒョウと出会ったのかを読み取ることができたのです。信じられないほどの正確さで、まるで映像に記録されていたかのように、ブッシュマンはヒョウの狩りの様子を再現してみせました。足跡から獲物が何だったのかを判断し、獲物をどのくらいの時間追跡したのか、狩りは成功したのかを言い当てることもできました。彼らが追跡したあるオスのヒョウは、ゲムズボックの母子の後を1.6kmもつけてから襲ったといいます。

ヒョウは、大型ネコのパワーと力強さ、そして小型ネコの優美さと適応力をあわせ持つ。

ヒョウは順応性の高いハンターで、乏しい食物だけで生き延びることができるが体重10〜40kgのガゼル、シカ、イノシシが好物。

　この砂漠での調査から、カラハリ砂漠のヒョウは、驚くほどわずかな食物で懸命に生き延びていることがわかりました。オスもメスも、何日か狩りをしても獲物にありつけないのは日常茶飯事で、数週間水を飲まずに過ごすことも珍しくありません。子連れの母親は、一度獲物をしとめてから次にしとめるまでに20km以上歩かなければならないことがたびたびあったうえ、獲物を見つけても、オオミミギツネ、ジャッカル、トビウサギのような小型の動物がほとんどでした。メスの場合、子供を独り立ちさせるには2倍の食物を確保しなければならないことを考えると、ヒョウの個体がこのような厳しい環境で生き延びていること自体が驚異といえるでしょう。

アムールヒョウ：
ロシア極東部にすむ希少な亜種

　ロシア極東部では、アムールヒョウと呼ばれるヒョウの希少な亜種がぎりぎりのところで生き延びています。この美しいヒョウは、寒く雪の多い冬に適応した長くふさふさした体毛で有名です。人間が近づきにくい生息地の地形や保全グループの努力もあって、沿海州の山岳森林地帯には現在30～35頭のアムールヒョウが生息しています。密猟、生息環境の消失、そして最近では遺伝的多様性の低下が、アムールヒョウの生き残りを脅かしている主な要因です。このほかに約300頭のアムールヒョウが、主に北欧や北米の動物園で飼育されています。

ヒョウは孤独を好み
子供やつがいのオスと一緒に
行動するメスを除いては
単独で移動し狩りをする。
子供は1年以上
母親を頼って暮らす。

　行動と食生活が柔軟なヒョウは、ライオンやトラなど大型の捕食動物とも共存できるほか、ライオンやトラが適応できないような環境にも十分適応して生き延びることができます。インドで最も人口の多い都市の1つであるムンバイに近いサンジェイ・ガンジー国立公園にすむヒョウは、主にイエイヌやイエネズミを食物にしています。
　そして、これもまた重要なことですが、ヒョウはどこにすんでいても、他のどの大型ネコよりもうまく、人間と静かにひっそりと共存することができます。ナイロビの見本市の会場

から逃げ出した1頭のヒョウを捜しに来たナイロビ国立公園の捜索隊が、市内の公園や庭園で数頭のヒョウの足跡を発見したこともあります。ネパールの科学者が無線追跡した何頭かのヒョウは、村人の生活圏のすぐ近くの植え込みに1日中静かに座っていたといいます。カメラの記録と足跡から、夜には同じヒョウがイヌやヤギを探して村の小屋の間を静かに歩き回っていたこともわかっています。

ヒョウはその気になれば
木登りもお手のもの。
自分より大型の肉食動物と
争わなければならない
ような場所では
安全な木の上に
引きこもる。

娘は母親のそばで暮らしたがる：血縁関係のあるメスで集団が形成されることに

若いピューマが自分のすみかを探して家を離れるときの行動は、オスとメスでまったく違います。娘は母親の生息地や自分の育った場所の近くにとどまろうとしますが、息子は離れた地域に散らばります。その結果、血縁関係のあるメスが互いに近くにすみ、母親や娘、姉妹、叔母の行動圏（ホームレンジ）は重なったり隣り合ったりすることが多くなります。このような母系集団が形成されるのは、資源を共有できるというメリットがあるためです。

ピューマの母親と叔母は、人間のように物理的に助けあって子育てするわけではないのですが、進化という点では、血縁関係のあるメス同士で資源を共有することにはメリットがあります。ヒョウとトラにも、娘は母親に近い場所に落ち着く、という傾向がありますが、この傾向が一番強いのはもちろんライオンで、母親と娘、姉妹、叔母が隣同士にすむのではなく一緒に暮らして、プライドと呼ばれる群れを形成し、縄張りを共有します。

小さめのネコ科動物の大部分がそうであるように、ヒョウも木登りが上手で、木の上で身軽に動き回ったりくつろいだりします。頭を下にして木から下りるという達人技ができるのは、ネコ科でもヒョウを含めてごくひと握りです。ヒョウはまた、大型の獲物を腹をすかせたハイエナやリカオン、ライオンなどから遠ざけるため、木の上に運ぶことができるほど力持ちでもあります。アフリカの多くの地域では、他の肉食動物が獲物をあさろうと虎視眈々と狙っているため、ヒョウは獲物を木の上に運んで守るしかありません。見通しのいい場所でしとめられた獲物は猛禽類を引きつけ、それがさらに別の肉食動物を呼び寄せるのです。

ヒョウは明らかに人間の近くで生き延びる能力を持つ。ほとんどすべての種類の獲物を食べ、砂漠から熱帯林までどんな場所でも暮らすことができる。
しかし、習性は謎めいていて調査はとても難しく、個体数推定結果の解釈には注意が必要である。

　南アフリカのヒョウは、獲物の安全な隠し場所として、木の上ではなく洞窟を使います。そのような洞窟で見つかった骨の化石は、現代のヒョウとその祖先が数百万年もの間、人間の近くで暮らし、洞窟を利用していたことを示しています。ヒョウに似たネコ科動物は、更新世のアフリカで初期人類にそっと近づいて殺していました。洞窟で発見された人類の化石の頭蓋骨には、ヒョウの犬歯が突き刺したとみられる穴が開いていました。

　人食いヒョウの記録は人食いトラに比べるとはるかに少ないのですが、いったん人間を狙うとなると、ひそかに忍び寄って大胆に襲いかかるというテクニックで恐ろしい殺し屋となり、何人もの人間を餌食にすることがあります。人食いヒョウは人家や小屋に忍びこんで人を襲うため、人食いトラ以上に恐れられています。人肉に対する味覚の記憶が発達しているのは明らかで、近くに襲いやすい家畜がいても、わざわざ人間を狙うことが少なくありません。悪名高い「ルドラプラヤグの人食いヒョウ」は、ヤギ小屋のドアを押し開け、一箇所に集まっていたヤギの群れを素通りして、家畜の面倒を見ていた少年を襲いました。

子殺し：ライオンによく見られる血なまぐさい行為；群れの新しいオスが子供を殺す

　動物の子殺しは、進化にとってどのような意味があるかを理解してはじめて納得のいく、血なまぐさい行為です。その目的は結局のところ、自分の遺伝子を確実に残すことにあります。動物の子殺しに関する情報の大半はライオンの研究に基づくもので、オスのライオンは、メスの群れを乗っ取ったら群れにいる子供を殺すのが普通です。セレンゲティのライオンでは、子殺しが子供ライオンの死因の4分の1を占めています。

　オスは長い間子作りの権利を保てるわけではありません。メスライオンの群れの支配権を勝ち取ったオスは、前にいたオスが作った子供をすべて殺します。子供を生かしておくと、メスは少なくとも子供が18カ月になるまで交尾に応じないので、新しいオスはその間の時間を「無駄にする」ことになるからです。子供がいなくなると、メスはすぐに発情期に入って交尾ができるようになり、互いの遺伝子を受け継いだ子供を残すことができます。

　もちろんメスは、前に群れにいたオスとの子供を子殺しから守ろうとします。どの子供も自分の遺伝子を受け継いでいることに変わりはないからです。プレイバック実験によると、メスは自分たちの群れのオスの吠え声と知らないオスの吠え声を聞き分けることができます。知らないオスの吠え声を聞くと、子供のいるメスはひどく動揺し、近づいてくるオスから子供を遠ざけます。子供を守ったり、年長の子供が殺されないよう群れから離れた場所に追いやったりするために、メスたちが一丸となって新たなオスに抵抗することもあります。

　ライオン以外にも、オスが縄張りを乗っ取った後に子供を殺す肉食動物がいます。トラ、ヒョウ、ピューマや、さらには放し飼いのイエネコにも同じ現象が見られます。これらの種にとって子殺しは自然なことですが、大型ネコ科動物のスポーツハンティングが子殺しを助長しているのではないかという懸念があります。トロフィーハンターはいつも大人のオスを狙い、それは群れのメスの繁殖成績に明らかな影響を与えます。大型ネコ科動物のスポーツハンティングが盛んな国や州では、子殺しの習性があるこれらの種の個体数が大幅に減少しています。

オスの役割：子育ての観点からするとオスの殺害はライオン社会の崩壊につながる

　大型ネコ科動物のオスは子育てを手伝いません。しかし、メスと子供を他のオスから守ることによって、子育てに不可欠な安全をもたらします。オスの生息地は不安定で、メスの子育てに適した環境とはいえません。

　子殺しの習性があるネコ科の種では、他のオスから子供を守るという世話が、子供が生き残るために決定的に重要であることが明らかになってきました。年取った古いオスが死ぬか殺されるかすると、新しくやって来たオスは必ず古いオスの子供を殺すので、メスは発情し新しい子供を作ることができます。縄張りを持つオスがたびたび殺されるような場所では、子供が生き延びることはほとんどありません。かつてネパールで、1頭の巨大なオスのトラが、ある自然公園の中心部で子作りを独り占めしていたことがありました。4年間に、その巨大トラと「彼のもの」である7頭のメスとの間に27頭の子供が生まれ、そのほとんどが生き延びて大人になりました。ところが父親のトラが死ぬと、3～4頭のオスがその縄張りと7頭のメスに子供を産ませる権利をめぐって2年間争い、子供はすべて死んでしまったといいます。

　最近明らかになった子育てにおけるオスの重要な役割は、狩猟の影響についてのこれまでの単純な計算に疑問を投げかけています。これまでは、オスは毎日の子供の食事や身の回りの世話に直接関わらないため、ハンターがオスを撃ち続けても問題ないと考えられていました。オスは、余分で無用なものだと見なされていたのです。しかし現在では、縄張りを持つオスがたびたび殺されると、メスが育てる子供の数が減ることがわかっています。

　ハンターはきまって特大級のオス——たてがみが立派なライオン、体の大きいヒョウやピューマなど——を追い求めますが、大型のオスはほとんどの場合、縄張りを持ち、子供の父親であり、メスを守っています。縄張りを持つオスがたびたび殺される状況が続けば、新しいオスが絶えず縄張りを奪い、メスに自分の子供を産ませるために古いオスの子供を殺すことになり、子殺しが増えるのです。

ヒョウの分布図

　現代のヒョウは47万〜82万5000年前、アフリカに出現しました。生息地がアジアまで広がったのは17万〜30万年前と比較的最近で、今日でもこれまでの生息地の大半で見られます。ヒョウは今では密猟者や猟獣肉目当てのハンターと獲物を争わなければならないのですが、それでもトラやライオンが生きられないような環境でなんとか生き延びています。おそらく、柔軟な食生活と人間に近い場所でひっそりと暮らせる能力という強みを持つヒョウは、大型ネコの中で最後まで生き残る可能性が高いでしょう。

保全状況　IUCN レッドリスト－準絶滅危惧（NT）
体　　重　17〜90kg
体　　長　92〜137cm
尾　　長　51〜91cm
産 子 数　1〜4頭、通常は2〜3頭

ウンピョウ

英名 = **Clouded Leopard**　学名 = *Neofelis nebulosa*

　ウンピョウは体毛に雲の形をしたはっきりした大きな模様があり、一目で見分けがつきます。その飛びぬけて美しい毛皮は人気が高く、保護種であるにもかかわらず、生息地全域でハンターに狙われたり罠にかけられたりする例が後を絶ちません。毛皮が売られているのはしばしば見かけますが、骨や肉、そして生きたウンピョウまでも盛んに取引されています。

　大きさは小型のヒョウほどしかありませんが、ウンピョウは大型ネコらしい力強くたくましい体つきをしています。体に比べてやや大きすぎるようにも見えるがっしりした頭、発達した顎の筋肉、短剣のような犬歯、大きく開く口は、まるでミニ版サーベルタイガーのようです。体の大きさとの比較では、現存するネコ科動物の中で一番長い犬歯を持っています。上の犬歯は4cm以上に達し、男性の小指くらいの長さがあります。長い犬歯から想像がつくように、ウンピョウはヒゲイノシシ、小型のシカ、サル、オランウータン、パームシベット、ヤマアラシなどかなり大型の獲物を襲います。

　マレーシアでの呼び名「harimau-dahan」は「木の枝のトラ」を意味し、木から木へ軽々と移動するその木登り能力は、ほとんど木の上で生活する南米のマーゲイに太刀打ちできるほどです。長い尾で体のバランスを取り、大きな幅広の足先でしっかりとつかまり、短く頑丈な足で重心を低く保って、木の上で大型の獲物と格闘します。後足の足首関節が柔らかく回転するため、頭を下にしてゆっくりと木の幹から下りたり、枝の上を水平方向に移動したり、ナマケモノのように枝にぶら下がったり、時には後ろ足だけでぶら下がることもできます。

　ウンピョウは木の上ではすっかりくつろぎますが、起きている時間のほとんどは地上を動き回って狩りをしています。オランウータンとサルを除けば、獲物の大半が地上で生活しているからです。科学者がカメラトラップを利用して体系的な肉食動物の調査を開始して以来、森林の小道を歩くウンピョウの姿が何度も撮影されました。

体毛に一目でわかる大きな雲のようなはっきりした模様のあるウンピョウ。
力強くがっちりした体つきで、大きな頭と短剣のように長い犬歯が特徴。

ウンピョウ：現代版サーベルタイガー？

「小さな大型ネコ」とも称されるウンピョウは、ヒョウ系統の最も古いメンバーで、トラやライオン、ジャガーより数百年万年も前にヒョウの祖先から枝分かれしました。雲のような美しい体毛の模様と、奇妙なプロポーションの体、短剣のような長い犬歯で知られています。長い犬歯以外にも、ほぼ90度の角度まで開けられる口など、頭蓋骨にサーベルタイガーと共通するいくつかの特徴があります。ウンピョウもサーベルタイガーも、獲物をしとめるための特殊な武器として、恐るべき犬歯とともに、このような特徴を進化させました。

スンダウンピョウ：スマトラ島とボルネオ島で発見された新種

　ウンピョウは1つの種であるというのが過去50年の定説でしたが、2006年、スコットランド国立博物館（エディンバラ）のアンドリュー・キチナーは、ウンピョウの体毛の雲のような模様の大きさと配置が一様ではないことに興味をひかれました。詳しく調べてみたところ、ボルネオ島とスマトラ島にすむウンピョウとアジア大陸のウンピョウの体毛の模様にかなり大きな違いがあることがわかりました。

　ボルネオ、スマトラ両島のウンピョウは、小さな雲のような模様が2列か3列並び、模様の中にたくさんのはっきりした斑点があります。背中には2本の縞模様があり、毛の色も大陸のウンピョウより濃いのが特徴です。一方、大陸のウンピョウは、後ろ斜めに傾いた大きな雲のような模様があり、模様の中の斑点は少なく、背中の縞模様は部分的にしか入っていません。その後の形態学的調査によって、ボルネオ、スマトラ両島のウンピョウは、頭蓋骨や歯の特徴にも明らかな違いがいくつもあることがわかりました。島のウンピョウは大陸のウンピョウより上の犬歯が長く、下の門歯が太く、頭蓋骨と歯に関しては、むしろサーベルタイガーに似ています。

　最近の分子遺伝子研究により、ウンピョウには140万年以上前に枝分かれした2つの種があることが確認されました。素人目には外見はかなり似ていますが、遺伝子的にはライオンとジャガーと同じくらいの違いがあります。2008年以来、スンダウンピョウ（*Neofelis diardi*）はIUCNレッドリストに別の種として登録され、絶滅危惧II類（VU）に指定されました。また、この2種はワシントン条約（CITES）附属書Iに記載され、商業取引を禁じられています。

　「ボルネオ島ウンピョウプログラム」（The Bornean Clouded Leopard Programme）はボルネオ島にすむすべてのネコ科野生動物の理解と保全の推進・向上を目的としています。このプログラムの組織や最新の現地活動に関する情報、カメラトラップ法により撮影された写真、募金方法などについては、www.wildcru.org をご覧ください。

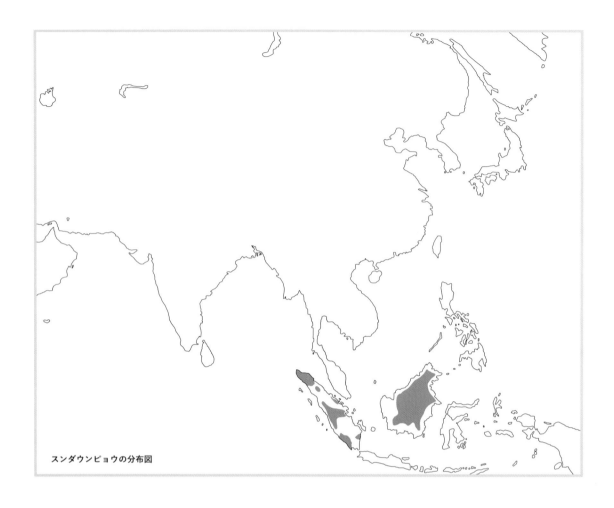

スンダウンピョウの分布図

　ウンピョウは長いうなるような声を出し、その声はかなり離れた場所まで届くと報告されています。タイでは、「トラの丘」と呼ばれる小高い場所でうなり声をあげ、それによって仲間を呼び寄せたり、ライバルがいるから近づかないように警告したりするといわれています。ウンピョウはネコ科特有の声のレパートリーも持ち、親しい相手がすぐそばにいるときは、短くて弱い鼻息のような音——「prusten」（「鼻息」の意味のドイツ語）と呼ばれる——を立てますが、この声を出すのはウンピョウ以外にトラ、ユキヒョウ、ジャガーしかいません。

　ウンピョウは、ヒョウの祖先から600万年以上前という早い時期に枝分かれしたと考えられています。ところが、2006年に科学者が行った遺伝子分析により、これまでウンピョウとして知られてきたこのネコ科動物には実は2つの種があり、遺伝子的に見て、この2種の間にはトラとジャガーくらいの違いがあることがわかりました。すべての証拠を考え合わ

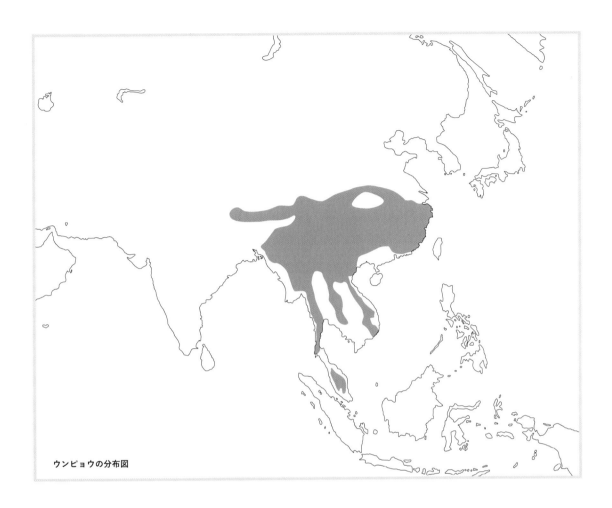

ウンピョウの分布図

せると、更新世の海面上昇によりスマトラ島とボルネオ島のウンピョウがアジア大陸のウンピョウから地理的に切り離された結果、ウンピョウ（*Neofelis nebulosa*）とスンダウンピョウ（*Neofelis diardi*）という2つの種に分かれた可能性が高いとみられています。

保全状況　IUCN レッドリスト―絶滅危惧II類（VU）
体　　重　11 〜 23 kg
体　　長　75 〜 108 cm
尾　　長　55 〜 91 cm
産子数　1 〜 5頭。通常は2頭

ベイキャット系統

Bay Cat Lineage

ベイキャット

英名 = **Bay Cat**　学名 = *Pardofelis badia*

　ベイキャットはボルネオ島でしか見られないネコ科動物です。1992年まで、ベイキャットについては、1855年から1928年までの間に集められた9枚の毛皮といくつかの頭蓋骨からわかることがすべてでした。大きさはイエネコくらいで、体毛の色は赤から灰色らしいということ以外、ほとんど何も知られていなかったのです。しかし、1992年11月に1頭のネコ科動物が現われました。それが、科学者が目撃した初めての生きているベイキャットでした。わな猟師が捕まえたその大人のメスは、衰弱して死にかけた状態で、マレーシアのクチンにあるサラワク博物館に運ばれました。罠にかかった動物が希少で価値がありそうだと知ったわな猟師は、何カ月か手元で飼育しながら、買い取ってくれる動物商を探していたのです。

　この個体の遺伝物質から、ベイキャットはマーブルドキャットやアジアゴールデンキャットと同じグループに属することがわかりました。このほとんど知られていない3種のネコ科動物は、ネコの系統樹の幹から早い時期に枝分かれした古い系統を形成しています。

　1992年に生きた個体が罠にかかったことで、ベイキャットがボルネオの森にまだ生息していることが確認されました。ボルネオ島で活動するフィールド生物学者が増え、カメラトラップ法という新しい調査方法が使われるようになると、別のベイキャットも遠隔操作カメラで撮影されるようになり、何枚かの写真には日中の姿も写っていました。

　1998年に、また1頭のベイキャットが罠にかかり、米国の写真家が写真撮影の権利を買いました。このベイキャットは、写真撮影が終わると「野生に戻された」とされています。2000年に、さらに2頭が罠にかかり、動物商の買い手がつきましたが、輸出される前に死んでしまいました。この2頭は博物館の標本として剥製にされ、スコットランド国立博物館に展示されています。ボルネオ島のわな猟師と動物商は、外国の動物園と飼育施設が生きたベイキャットを1万ドルもの高値で買い取ることをよく知っています。ベイキャットを捕まえることは違法ですが、このような行為は今でも行われています。皮肉なことに、欧米の

2013年に写真家のセバスチャン・ケンネルクネヒトが、生物学者のアンディ・ハーマンとともに6週間かけて、
人前になかなか現れないベイキャットの高解像度の写真を初めて撮影した。
それまでベイキャットの写真といえば、カメラトラップ法で撮影された解像度の低い数枚しかなかった。

耳で話す：耳の位置でネコの気分がわかる

　ネコ科動物はみな、耳でもコミュニケーションをとります。警戒し用心深くなっているときは耳を立てて前に向け、不安なときやおびえているときは耳を伏せます。不安が強くなればなるほど耳は平らに近くなり、ついには回転して後ろ向きになります。

　ピクピクさせたりピクッと動かしたりするのもコミュニケーションの1つです。互いをじっと見ている2頭のネコ科動物がいたら、しばらく観察してみてください。1頭が耳をピクピクさせると、もう1頭はピクッと動かして目をそらすでしょう。敵意はないことがわかったのです。

　動物園と飼育・繁殖施設は、生きたベイキャットを手に入れたいと望むことで、結局はこの希少な種の絶滅に手を貸してしまうことになるかもしれません。

　「ボルネオ島ウンピョウプログラム」（The Bornean Clouded Leopard Programme）はボルネオ島にすむすべてのネコ科野生動物の理解と保全の推進・向上を目的としています。このプログラムの組織や最新の現地活動に関する情報、カメラトラップ法により撮影された写真、募金方法などについては、www.wildcru.org をご覧ください。

ベイキャット系統・ベイキャット
Bay Cat Lineage・Bay Cat

1992年までは絶滅したと考えられていたベイキャットは、ボルネオ島だけにひっそりと暮らしている。

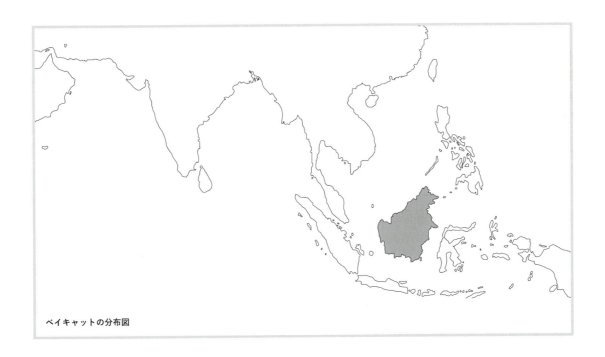

ベイキャットの分布図

保全状況	IUCNレッドリスト－絶滅危惧ⅠB類（EN）
体　　重	3～4kg
体　　長	53～67cm
尾　　長	32～40cm
産子数	不明

マーブルドキャット

英名 = **Marbled Cat**　学名 = *Pardofelis marmorata*

　マーブルドキャットはイエネコと同じくらいのサイズですが、イエネコよりもずっと大きく見えます。厚い体毛、並外れて長くふさふさした尾、背中をアーチ形に丸めた独特の姿勢が、実際よりはるかに大きい印象を与えているのです。幅広の足とまだら模様の入った体毛は、ミニ版のウンピョウのようです。

　マーブルドキャットは東南アジアの低地熱帯林にすみ、大部分の時間を木の上で過ごしているとみられています。足の大きな肉球で枝や幹にしっかりつかまり、長い尾を使ってバランスを取ります。主に鳥、リス、ネズミを食べますが、まれにサルを襲うこともあります。

　ボルネオ島サバ州で、アズラン・モハメドとアンドレアス・ウィルティングは、林冠（太陽光線を直接受ける、枝葉が茂った上層部分。「キャノピー」とも）の25mほどの高さの太い木の枝に座っていたマーブルドキャットを10分間観察しました。スポットライトを当てて眺めていると、マーブルドキャットは枝から移動し、大きな木の幹を頭を下にして下りました。それまでに、頭を下にして木を降りるのを目撃されたネコ科動物は、ほとんど木の上で生活しているマーゲイと、ウンピョウ、そしてヒョウだけでした。

キャットニップ：植物の成分に反応して夢中になるネコ科動物がいる

　生のキャットニップを使ったおもちゃで遊んでいるネコが、興奮して転がったり、体を擦りつけたり、ペロペロなめたり、普通はしないような行動をとることを、飼い主なら誰でも知っています。幻覚の発作のような状態が続くのはせいぜい5分か10分で、これを誘発しているのはキャットニップに含まれるネペタラクトンという成分です。キャットニップに反応するのはすべてのネコ科動物の半分程度で、反応するかどうかは優性遺伝子によって決まります。

　動物園のネコ科動物にキャットニップを与えた実験では、これまでのところトラ、ライオン、ユキヒョウ、ヒョウ、ジャガー、サーバル、オオヤマネコ、オセロットが強烈な反応を示しています。また、不思議なことに、オセロット、ジャガー、チーターは、飼育下か野生かにかかわらず、カルバン・クラインの「オブセッション」という香水にも我を忘れてうっとりとします。特にオセロットは反応が強く、科学者はこの香りを使ってカメラトラップにおびき寄せるほどです。

体毛の模様：まだら、縞、斑点

南米のインディオは、ジャガーの斑点が足先で泥を塗ってできたものだと信じていました。確かに、目を凝らしてみると、斑点は小さなつま先のように見えます。ジャガーの脇腹には、1つか2つの小さな斑点をバラの花のような斑点が取り囲む「ロゼット」と呼ばれる濃い色の模様が並んでいます。

ヒョウにもジャガーのロゼットに似た斑点がありますが、ロゼットの中に小さい斑点はありません。

チーターは、黒一色の水玉模様が親指の指紋くらいの等間隔で並んでいて、粗めの金色の体毛に黒い水玉が映えます。水玉の間には少しぼやけた小さな斑点もあります。デズモンド・バラディ（ハンター。『野生のガラヤカ』『続野生のガラヤカ　猛獣を養女にしたハンターの記録』の著者。邦訳はともに絶版）が、ペットにしていたチーターの斑点を数えたところ、全部で1967個あったといいます。

サーバルは黄褐色の体毛に黒い水玉のような斑点が並んでいるのが普通ですが、斑点の大きさは、小さなそばかすくらいのものから10円硬貨くらいのものまでさまざまです。首や背中のあたりで斑点がつながって縞模様になっていることもあります。

オセロットは無地か輪郭だけの濃い色の斑点があり、つながって鎖のように見える部分もあります。輪郭だけの斑点の場合、真ん中部分の毛色は背景の毛色より濃いのが普通です。

マーブルドキャットの生態はほとんど知られていないが、木の上で生活し、熱帯林に大きく依存していると考えられている。
体の大きさとの比較では、ネコ科の中で一番尾が長い。

ベイキャット系統・マーブルドキャット
Bay Cat Lineage・Marbled Cat

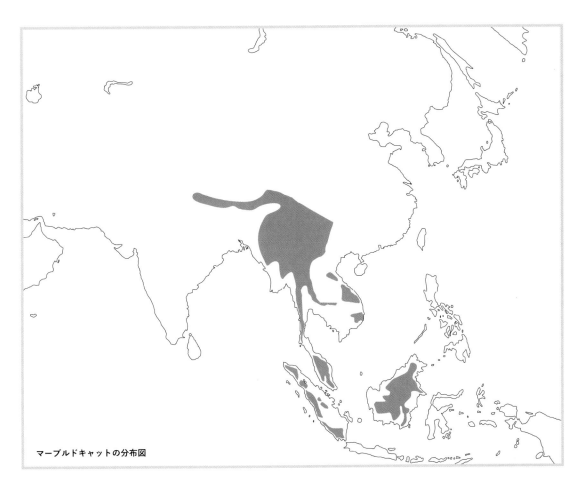

マーブルドキャットの分布図

「ボルネオ島ウンピョウプログラム」(The Bornean Clouded Leopard Programme) はボルネオ島にすむすべてのネコ科野生動物の理解と保全の推進・向上を目的としています。このプログラムの組織や最新の現地活動に関する情報、カメラトラップ法により撮影された写真、募金方法などについては、www.wildcru.org をご覧ください。

保全状況	IUCN レッドリスト－絶滅危惧II類（VU）
体　　重	2.4～3.7kg
体　　長	45～62cm
尾　　長	36～55cm
産子数	1～2頭

アジアゴールデンキャット

英名 = **Asiatic Golden Cat**　学名 = *Pardofelis temminckii*

　中国の人々はゴールデンキャットをヒョウの1種と考え、毛色によって、黒なら「インク」ヒョウ、斑点があれば「ゴマ」ヒョウなど、違う名前で呼んでいました。ゴールデンキャットは東南アジアの多くの森林で見られ、体毛の色は金色がかった茶色から濃い茶色、明るい赤から灰色までさまざまで、斑点があるものもないものもいます。

　100年前、分類学者は頭蓋骨と歯の大きさ、足の構造、鼻の形をもとに、ネコ科を種に分類しました。このうちゴールデンキャットの2つの種については、「姉妹」種として同じグループに入れるべきなのか、それとも同じような熱帯林に生息しているから見かけがたまたま似ているだけで、別のグループに分類するべきなのか、堂々めぐりの議論が続いていました。

　しかし、分子DNA解析技術の開発によって、それまで混乱していたネコ科の関係が明らかになりました。アジアゴールデンキャットとアフリカゴールデンキャットは科学者が見かけから推測していたほど近い種ではなく、系統も別で、共通の祖先から850万年〜940万年前に枝分かれしていたのです。

　アジアゴールデンキャットは森林にすんでいることがほとんどですが、海抜ゼロから3,700mまでの低木地、草地、広々とした岩の多い地域などにすんでいることもあります。主に夜明けと夕暮れ、時には日中にも狩りをして、鳥、トカゲ、リス、サル、ヘビ、マメジカ、ホエジカを食物にしています。それに加えて、スイギュウの子供やヒツジ、ヤギを襲った記録もあり、パワフルな印象のこの種が自分より体重の重い獲物も倒せることを証明しています。野生のアジアゴールデンキャットに関する研究はまだこれからで、生態や行動についてはほとんど何もわかっていません。カメラトラップ法による調査では意外にもたびたび姿を現すため、これまで考えられていたほど珍しくはない可能性があります。動物園で飼育されている数頭の個体から得られたわずかな情報から、一年を通して繁殖し、普通は1頭しか子を産まないと推定されています。

アジアゴールデンキャットの体つきはたくましい。
東南アジアの低木地などにすみ、サル、マメジカ、鳥などを食べる。

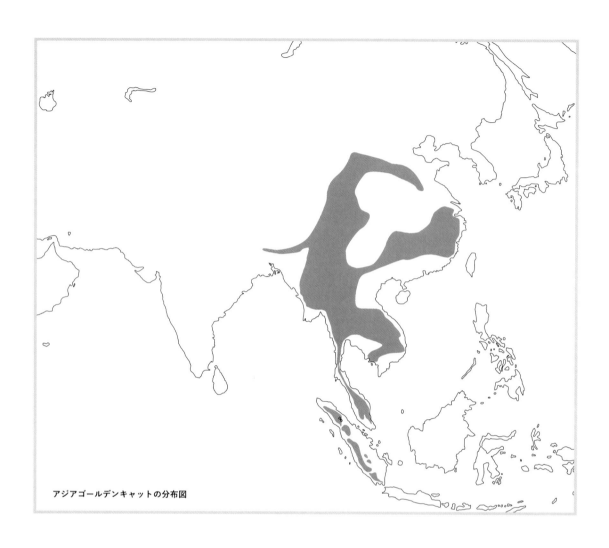

アジアゴールデンキャットの分布図

保全状況	IUCN レッドリスト－準絶滅危惧（NT）
体　重	9〜16kg
体　長	66〜105cm
尾　長	40〜57cm
産子数	1〜3頭

カラカル系統

Caracal Lineage

サーバル

英名 = **Serval**　学名 = *Leptailurus serval*

　タンザニアのセレンゲティ平原の草をそよ風が揺らすと、斑点の入ったサーバルの姿が消えたり、また現れたり、フェードインとフェードアウトを繰り返します。この足の長いネコ科動物は何かをじっと待ち、見張り番のように動きません。まるでトランス状態にあるように目をほとんど閉じていますが、パラボラアンテナに似た巨大な耳はゆっくりと回転させ、音に聞き入っています。何分かが過ぎ、耳は突然、音のする場所を正確に捉えました。用心深く2歩進んでから、ジャンプして丈1mの草の上まで跳び上がり、獲物のネズミの動きに合わせて空中で向きを変えたり体をひねったりしながら狙いを定めます。次の瞬間、2本の前足を土に突っ込み、ネズミを急襲。見事に次の「食事」を確保しました。

　チーターと同じように、サーバルはネコ科の中でも特殊な能力を持ち、竹馬のような足で草原を歩き回る姿は、ネコ科らしくない奇妙な印象を与えます。背が高くきゃしゃな体つき、細くて小さい顔に不釣合いなほど大きな楕円形の耳。ネコ科動物によく見られる、うずくまると流線型を描く筋肉質の体と違って、サーバルはできるだけ背を高くすることを考えて作られたように見えます。サーバルの足は、体の大きさとの比較ではネコ科動物で一番長く、背の高さはシェパードと同じくらいですが、体重はシェパードの半分ほどしかありません。正確にいうと、サーバルの背が高いのは、足首から下が長いためです。4本の足の中足骨が長い分、身長がプラスされているのです。

　長い足の動物は速く走れるのが普通ですが、サーバルはそれほど足が速いわけではありません。足の長さはむしろ耳のよさにつながっています。音頼りの狩りを成功させるには、耳の位置が高くなくてはいけません。サーバルは音に集中するため、立ち止まって座り、音の方向に頭を向けて、10分かそれ以上目を閉じてただ耳をすませていることがよくあります。よほど空腹でない限り、風のある日は狩りをしません。草の中を移動する獲物の音が風の音に邪魔されて、とらえにくくなるからです。

サーバルは背の高いほっそりしたネコ科動物で、小さな細い顔に不釣合いなほど大きな楕円形の耳を持っている。
足の速さではなく背の高さのために発達した長い足と大きな耳を生かして、丈の高い草に隠れた小型のげっ歯類を捕まえる。

サーバルはキツネのように高くジャンプし足を使って上から獲物に襲いかかる。襲撃は2回に1回くらいの割合で成功する。

カラカル系統・サーバル
Caracal Lineage・Serval

　サーバルは、キツネのように高くジャンプして襲いかかります。1回目が失敗したら、顎を胸に引き寄せ、尾を上に向けて、足を伸ばしたまま高く跳び上がるジャンプを何度も繰り返しながら獲物を追いかけます。4本の足を同時に地面から離すこのジャンプはサーバル独特の狩りのテクニックです。サーバルは、動物を茂みから追い出すのにもこのテクニックを使います。草の中を高く跳び上がりながらジグザグに進み、動く物は何でもすかさず捕らえるのです。サーバルのジャンプ力は素晴らしく、カラカルに引けを取りません。1回のジャンプの距離は最大で3.6mに達し、飛んでいる鳥や虫を襲うために2～3mの高さまで跳んだところが目撃されています。

　長い足は、丈の高い草の中の音をキャッチするのに有利なだけでなく、強烈なパンチも繰り出します。前足で猛烈なパンチを何度も食らわせて、獲物を殺したり失神させたりするほか、反撃してきそうな大きな動物を相手にするときは、高く跳び上がって4本足全部で襲いかかり、かみついてから、跳んで逃げます。かなり大きなヘビも、ハンマーのようなパンチを何発かお見舞いして殺してしまうほどです。

　サーバルは「掘る」能力のある数少ないネコ科動物の1つで、獲物を求めてたびたび地面を掘ります。巨大な耳のおかげで聴力が鋭いため、地中の動物を探し当てることができ、よく動く長いつま先と力強い爪でげっ歯類や羽の生えたてのひな鳥をトンネルから引きずり出します。若いサーバルが後ろ足で立って、ショウドウツバメが集まって作った巣の穴を前足で手際よく隅々までつついているところが目撃されています。また、アフリカメクラネズミを捕まえるときだけに使う「穴を掘って待つ」高度な狩りのテクニックも身につけています。メクラネズミは地中にしかすんでいないため、普通はネコに襲われることはありません。しかしサーバルはトンネルを探し当て、中を引っかいて穴を掘り、前足を1本持ち上げたまま座って待ちます。メクラネズミのトンネルが壊されるとあわてて直すという習性を利用しようとしているのです。何か動く気配があれば、サーバルは上げていた足を勢いよく下ろし、メクラネズミを引っかけて放り投げ、失神したメクラネズミの意識が戻る前に素早く一撃を食らわせます。

　サーバルはカエル、野ネズミ、羽が生えたての鳥のひななどを食べますが、大きな耳とネコ科らしくない体型、そして独特の狩りのテクニックによって、1回の襲撃で普通のネコ科動物よりもたくさんの食物を手に入れます。たいていの場合、ネコ科動物は10回獲物を襲って1回成功すればいいほうですが、サーバルは2回に1回に近い割合で獲物をしとめることができ、成功率はネコ科のハンターでも指折りです。サーバルは1頭だけで1年間におよそ4,000頭のげっ歯類と250頭のヘビを殺します。コウノトリやフラミンゴ、若いアンテロープを襲うこともありますが、普段は驚くほど小さい獲物——ほとんどが体重200gとメスの平均体重の2％以下——を食べて生きています。

　サーバルの狩りは早朝と夕方に行われます。子育て中のメスはもっと獲物が必要なので、

聴覚で狩りをするサーバル。ネコ科の中で一番足が長く、足首から先が長い分身長がプラスされているため高い位置から大きな耳で丈の高い草むらの中の音までキャッチできる。

一日の大半を狩りに費やさなくてはなりません。子供が1カ月ほどになると、メスは獲物を巣に持ち帰るようになります。タンザニアでサーバルの研究をしている生物学者のアーチェ・ギアトスマは、母親サーバルが1頭の野ネズミを3頭の子供が待つ1.6km先の草むらへ運ぶのを観察しました。巣から50mのところで母親は子供を呼び始め、ときどき呼ぶのを止めて返事を待ちました。巣に近づくと、3頭が走り出てきて母親を迎え、そのうち1頭はネズミをくわえ、残りの2頭は腰を下ろして乳を飲んだといいます。子供が大きくなると、母親が狩りに出ている間巣で待つように言い聞かせるのは難しくなります。ギアトスマは、母親が狩りに出かける前に1時間以上かけてうなり、子供をおとなしくさせていたのを見ました。

　サーバルは特殊な体型と習性のおかげで、広々とした草原や森にいるたくさんのげっ歯類を捕まえることができます。その体型と習性は、同じように広々とした生息地で小型げっ歯類を大量に捕食するイヌ科動物にとても近いものです。大きな耳と小さな細長い顔、長

カラカル系統・サーバル
Caracal Lineage・Serval

サーバルの分布図

い足は、ネコというよりキツネやタテガミオオカミに似ていて、狩りの方法もイヌ科と共通点があります。高く跳んで上から襲いかかったり、音を探し当てたり、地面を掘ったりする狩りの習性は、どれも他のネコ科動物よりイヌ科と共通しています。キツネと同じように、サーバルは農業につきものの野ネズミを食べて生活し、アフリカの多くの地域の農村部では日常的に見られます。人間に迫害されない限り、この足の長い優美なネコは、人間によって変わってしまった生息地でも生き延びることができ、人間の役に立つことさえあるでしょう。

保全状況　IUCNレッドリスト－軽度懸念（LC）
体　　重　7〜18kg
体　　長　63〜92cm
尾　　長　20〜38cm
産子数　1〜4頭

カラカル

英名 = **Caracal**　学名 = *Caracal caracal*

　足が長く耳に房毛のあるカラカルは、アフリカ版オオヤマネコのように見えることから、長い間「カラカルオオヤマネコ」として知られてきました。ところが、2006年のDNA研究で、カラカルはオオヤマネコよりずっと古い種であることがわかりました。カラカル系統はオオヤマネコ系統より100万年以上も早く、ネコの祖先から枝分かれしていたのです。研究によって明らかになったように、カラカルはオオヤマネコではなく、サーバルやアフリカゴールデンキャットの近縁種です。

　カラカルは数百年にわたってインド貴族のスポーツハンティングに使われていました。ノウサギやヤマウズラなどの小型の猟獣や猟鳥を捕まえるように訓練され、馬の乗り手の後ろに1頭ずつ小さな綿入れクッションの上に座らされて、狩りに連れて行かれました。また、1602年のソロモン王朝の絵画には、飼いならされたカラカルが宮廷の王座の前に座り、そのそばに2羽のイワシャコがいる様子が描かれています。1920年代の写真にも、人になれたカラカルとチーターが調教師と一緒に狩りに出かけようとするところが写っています。カラカルは1940年代までインドのアムリトサルの市場で売られていました。

　カラカルの過去の生息地はアフリカとインドの一部で、チーターの生息地と重なり、砂漠にすむ小型のガゼルの分布とも一致します。カラカルの現在の生息地の多くでは、こうした体重15〜30kgのガゼルは絶滅したか絶滅の危機にあります。カラカルはノウサギやハイラックスくらいの大きさの獲物で生き延びることができそうですが、北アフリカの遊牧民に「ガゼルネコ」と呼ばれていたように、ガゼルが好物であることは間違いないようです。

カラカルのジャンプ力は伝説化されている。
かつてインドの貴族は、飼いならしたカラカルをスポーツハンティングに連れて行き、ハト獲り競争をさせた。

カラカルはオオヤマネコに似ているが
DNA研究によって実際にはサーバルや
アフリカゴールデンキャットと
近縁であることがわかった。
アフリカでは、自分の体重の2〜3倍の
大きなアンテロープを殺すこともある。

チーターと同じように、カラカルもアフリカとインドの一部にすみ、チーターとカラカルの生息地は砂漠にすむ小型のガゼルと重なる。こうした小型のガゼルが姿を消した地域では、カラカルはさまざまな鳥類と爬虫類、哺乳類で生き延びている。
インドのランザンボア国立公園で暮らすこのメスのカラカルは、2頭の子供たちと一緒に、オオトカゲを食べている。

　ネコ科動物は、人を寄せつけないいかめしい表情や、冷酷で凶暴な目をしているとよく言われますが、これは特にカラカルに当てはまります。強い光の下では、カラカルの上まぶたは目の半分まで下がっているように見えて、その細い目はあたかも「冷酷」であるかのような印象を与えてきました。しかし、上まぶたが下がっているのは、凶暴な性格だからというよりも、昼間に活動することが多いカラカルがまぶしい太陽の光から目を守るためと考えられます。

驚異的なジャンパー：高く跳び上がって飛ぶ鳥を落とせる数少ないネコ科動物

蝶やバッタを追いかけているのでもない限り、ネコ科動物が空中に跳び上がることはめったにありません。獲物が手強いとわかったときに足元が不安定にならないよう、後ろ足をしっかり地面につけていたいのです。ところがカラカルは例外で、ジャンプ力の高さで知られています。床にゆったりと寝そべっていたある飼いならされたカラカルは、驚いたときに 3.4m も跳び上がったといいます。このアクロバティックな能力を知ったインドの王子や支配者は、カラカルを手なづけて狩りに連れて行きました。餌を食べるハトの群れにカラカルを放ってハト獲り競争をさせ、一番たくさんのハトを獲るのはどのカラカルか賭けをしていたのです。腕のいいカラカルなら、ハトが逃げる前に十数羽近くを落とせました。この競争が「ハトの中にネコを入れる」（大混乱を引き起こす、の意味）という英語表現の出所であることはほぼ間違いないでしょう。

カラカルの分布図

カラカルは、立っていると肩より尻のほうが高く見えますが、これは後ろ足が前足より少し長いからです。体の後ろ部分はたくましく、大きく跳び上がったり、短距離を高速で走ったり、必要なら木にもうまく登ることができます。さまざまな鳥類や哺乳類、爬虫類を食べて生きていける、適応力のある捕食動物です。ウズラからダチョウまでどんな大きさの鳥も襲いますし、小型のネズミからノウサギやアンテロープまで、ほとんどどんな哺乳類も餌食にします。たいていの獲物は体重5kg未満ですが、小中型のネコとしては珍しく、自分の体重の2〜3倍の獲物を倒すことができ、実際に襲っています。大きなアンテロープやヒツジ、ヤギを殺すことで知られ、一部の地域では家畜も狙うため、問題のある動物と見なされています。

インド西部では、カラカルは小型げっ歯類を食べているといわれ、ぎりぎりの状況で生き残っていることは間違いありません。いくら食の柔軟性があるといっても、カラカルくらいの大きさのネコ科動物がネズミ類だけで生きていける可能性は、ネズミ類が余るほどいない限り低いでしょう。げっ歯類の数が十分ではなく、ガゼルくらいの大きさの野生の獲物も残っていない場合には、アラブ首長国連邦の一部で実際に起きているように、ガゼルと同じくらいの大きさの蹄のある家畜を――ヒツジでもヤギでも何でも――手当たり次第に襲うことがしばしばあります。

奇妙なことに、カラカルはアジアの生息地では絶滅の危機にさらされているのに、ナミビアや南アフリカでは問題を起こす動物として狩りが行われ、自由に殺してよいことになっています。イスラエルではどこででも見られ、パキスタンでは希少と見なされながらも持ちこたえていますが、インドでは絶滅寸前の状態にあります。

保全状況	IUCNレッドリストー軽度懸念（LC）
体　重	7〜18kg
体　長	61〜106cm
尾　長	19〜34cm
産子数	1〜6頭、通常2頭

アフリカゴールデンキャット

英名 = **African Golden Cat**　学名 = *Caracal aurata*

　アフリカゴールデンキャットはパワフルな印象のネコ科動物で、小型のヒョウのような体つきをしています。アフリカ西部の一部で「ヒョウの息子」や「ヒョウの弟」と呼ばれることがあるのはそのためでしょう。

　体毛の色は赤と灰色の二色相がありますが、この2色の変種の中でも色幅があって、アフリカの地域によってまったく違う種のように見えます。体毛は赤橙（あかだいだい）から濃い灰色や黒までほぼどんな色でもあり、斑点もないものからたくさんあるものまでさまざまです。さらに複雑なことに、ロンドン動物園のこの種は、体毛の色が4カ月で赤から灰色に変化しています。

　アフリカゴールデンキャットは、ネコ科の中で最も知られていない動物の1つです。赤道直下の密生した熱帯林の、たいていは川か水路に沿った場所でしか見られません。最近伐採された森林でも、下草がたっぷり残っていれば生き残れるようです。以前は主に夜に活動すると考えられていましたが、カメラトラップ法を用いた最近の調査で、日中も狩りをすることが確認されました。

　糞の分析によると、さまざまな大型ネズミや森林にすむアンテロープ、鳥を食べているようです。中央アフリカ共和国での調査では、体重3～15kgのサルやダイカーも襲うことがわかりました。アフリカゴールデンキャットの体重は10kg前後ですから、驚くほど大きな獲物です。

　アフリカゴールデンキャットとアジアゴールデンキャットは外見がとてもよく似ているため、以前は近縁種と考えられていましたが、ネコ科の新しいDNA研究で、アフリカゴールデンキャットはカラカルやサーバルと近い関係にあることがわかりました。

アフリカゴールデンキャットは、小型のヒョウのような体つきをしている。
最近のDNA研究でサーバルやカラカルと近い関係にあることがわかった。

アフリカゴールデンキャットは
赤道直下の密生した森林でしか見られない。

アフリカゴールデンキャットの分布図

保全状況	IUCNレッドリストー準絶滅危惧（NT）
体　　重	5〜14kg
体　　長	61〜99cm
尾　　長	15〜38 cm
産子数	1〜2頭

オセロット系統

Ocelot Lineage

オセロット

英名 = **Ocelot**　学名 = *Leopardus pardalis*

　オセロットの体毛は、太陽のまだらな光と影に完全に溶け込む斑点が入り、短くつややかです。斑点には塗りつぶしのものと輪郭だけのものがあり、楕円形の斑点はところどころ鎖のように連なっています。この繊細な模様は個体差が大きく、同じ模様を持つオセロットは2頭といません。北はテキサス州南部・アリゾナ州から中米を通って南はアルゼンチンまで、熱帯と亜熱帯の幅広い地域にすみ、南米ではごくありふれたネコの1種です。

　オセロットは主に夜に地上で狩りをしますが、曇りや雨の日を中心に、日中も活動することがあります。泳ぎが得意で、これは1年のうち何カ月も洪水で水に浸かるような場所に暮らしていることを考えると、意外ではありません。ブラジルでは、科学者が発信機付きの首輪をつけて調査をしたオセロット2頭がイグアス川の急流を泳いで渡ったことがわかっています。夜は広々とした場所で狩りをすることもありますが、普通は茂みに隠れて獲物を狙います。オセロットが生きていくためには1日約680gの食物が必要です。そのほとんどはオポッサム、野ネズミ、ウサギのような、たっぷりいる小型の動物でまかないますが、アグーチ、パカ、カピバラ、ナマケモノ、アルマジロや、時にはシカなど比較的大きな獲物も襲います。

　夜の狩りでは、行動範囲の隅々まで何度も行ったり来たりして獲物を狙います。狩りの基本は、移動して待ち伏せする戦略と、ゆっくり歩きながら狩りをする戦略の2つです。移動して待ち伏せする戦略では、周囲を見渡せる場所を選び、ウサギかオポッサムがやって来るのをうずくまって待ちます。30分くらい経つと、素早く次の場所へ移動し、同じように待ち伏せを繰り返します。ゆっくり歩きながら狩りをする戦略では、獲物を見張り音に耳をすませながら、森の小道に沿ってゆっくり静かに移動を続けます。

　ペルーで行われた発信機による追跡調査では、明るい月光は狩りの邪魔になっていることがわかりました。満月の夜は、小道を歩くのを避けて藪の中だけで狩りをします。オセロットの体毛は完璧なカムフラージュになりますが、明るい月光の下では、体を隠せるような茂

オセロットの斑点のある体毛は太陽のまだらな光と影に完全に溶け込む。

高級志向：ブランド香水に反応するネコ科動物がいる

　わな猟師が市販の香水を使って野生のネコ科動物をおびき寄せていることを知った動物園は、新しいにおいを囲いの中のネコ科動物に与えてどう反応するかを調査し始めました。このような調査によって、何種類かの高級な香水に、どちらかといえば嫌なにおいのするこれまでの誘引物質と同じくらい動物を引きつける効果があることがわかりました。ほとんどのネコ科動物は、カルバン・クラインの「オブセッション」とシャネルの「No.5」が与えられると、近づいてにおいを嗅ぎ、嗅いだ後は2～3分ほどぐるぐる回ったり頭を擦りつけたりします。今では、科学者はこうした香水をジャングルに持ち込んで、より多くの動物を撮影できるようにカメラトラップの周りにまいています。

オセロットは北はテキサス州・アリゾナ州から南はアルゼンチンまで広く生息する。前足が大きいため、一部の生息地では「manigordo」（スペイン語で「太った手」の意味）と呼ばれている。

みがあちらこちらにない限り、大型ネズミやウサギに少しずつ近づくのは難しいのです。

　マーゲイと同じように、オセロットも一度に1頭しか子供を産まないという点がネコ科では珍しく、しかも野生のメスは1年おきにしか出産しません。子供は3カ月くらいになると母親の後をついて歩き始め、数カ月は母親の狩りに頼って暮らします。若いオセロットは約8カ月で永久歯が生えますが、自分で狩りができるようになっても、2歳までは母親のそばにとどまることがあります。

　オセロットは、同じくらいの大きさの他のネコ科動物に比べると妊娠期間が長く、一度に生まれる子供の数が少ないうえに子供の成長も一番遅く、生まれて15～18日経つまで目が開きません。メスが2歳半で初めて出産して12歳になるまで毎年1頭の子供を産むとすると、生涯に産む子供の数はわずか5～7頭ということになり、ボブキャットの半分以下です。生涯に産む子供の数が少なく、個体数が減るとなかなか元に戻らないので、狩猟や森林伐採などによって絶滅の危険にさらされる可能性が特に高いといえます。

オセロット系統・オセロット
Ocelot Lineage・Ocelot

オセロットの分布図

保全状況	IUCN レッドリスト－軽度懸念（LC）
体　重	6.6〜16kg
体　長	69〜100cm
尾　長	25.5〜43 cm
産子数	1〜4頭、通常1頭

マーゲイ

英名 = **Margay**　学名 = *Leopardus wiedii*

　マーゲイは一日のほとんどの時間を木の上で過ごす特殊なネコ科動物です。密生した森林にだけ暮らし、狩りは主に高い木の上で、小鳥やリス、大型ネズミなどの獲物に枝の間からそっと近づいて襲います。機敏でアクロバティックなマーゲイは、ネコ科で一番の木登りの名手です。ベルベットのような毛の生えた幅広の足先と柔軟な足指を使ってどんな細い枝にもしっかりとつかまり、長い尾でバランスを取りながら梢のあたりを動き回ります。

　マーゲイは小指ほどの太さの蔓をつたって走ったり、サルのように後ろ足でぶら下がったりできます。野生のマーゲイを観察したことがある人はとても少ないのですが、ある科学者が飼育状態にある4カ月の子供マーゲイ2頭の行動を調査したところ、高さ2.4m、長さ3.7mものジャンプ力があることがわかりました。反応は素早く、木登りの途中で落ちても、1本の足で枝につかまってもう一度よじ登ることができます。2頭のうち1頭は、後ろ足だけでぶら下がって、前足で器用に何かをいじることができたほか、視力もよく、9.1m先を飛んでいるハエに気づいて空中にジャンプし、両方の前足で捕まえて、後ろ足が地面に着く前に口に入れたと報告されています。

　生息地は、もう少し体の大きいオセロットとかなり重なっていますが、マーゲイのほうが範囲が狭く、湿度の高い常緑樹林にほぼ限定されています。日中はたいてい、地上から最低でも6mの高さの絡み合った蔓の間かヤシの幹の上で過ごします。夜は木の上で狩りをしますが、狩り場から狩り場へは地上を移動することもあります。狩り場への移動や木の上を動き回っている途中に小型の獲物に出くわすと、手当たり次第に襲い、ヌートリア、トゲポケットマウス、リス、ノウサギ、マウスオポッサム、小型鳥類、昆虫類や、さらには果実まで食べます。意外なことに、飼育されているマーゲイはイチジクが好きで、レタスも食べることが知られています。

完全な夜行性であることをうかがわせる大きな目。これまでに行われた大半の調査で、夜しか活動しないことがわかっている。
視力がよく、9m先を飛んでいるハエも見落とさない。

木登り上手で知られるマーゲイは、ネコ科で一番身軽でアクロバティック。その生活は熱帯林と深く結びついていて、林冠にすむ鳥や小型のげっ歯類、昆虫を捕食し、時には果実も食べる。

　一般に、哺乳類が一度に産む子供の数は乳首の数の半分といわれており、これはマーゲイにも当てはまります。ネコ科には珍しく、マーゲイのメスには乳首が2つしかなく、普通は一度に1頭しか子供を産みません。子供の成長は早く、2カ月経てば硬い物を食べ始め、8〜10カ月で大人になります。

　マーゲイは約800万年前にネコの祖先から枝分かれしたオセロット系統に属します。オセロットとマーゲイは近縁種で、遺伝子研究により、300万〜500万年前にパナマ地峡を通って南米に移住した共通の祖先から分かれたと考えられています。

　マーゲイはオセロットを小型にして目を大きくしたような外見で、体毛の斑点模様はオセロットととてもよく似ています。オセロットより小さくほっそりしていて尾が長めなのですが、毛皮は区別がつきにくいため、マーゲイの毛皮の尾の部分をカットしたものがオセロットの毛皮として出回っていることがあります。オセロットとマーゲイの毛皮の大きな違いの1つは感触です。オセロットの毛皮はつややかで毛が短いのに対し、マーゲイの毛皮は厚みがあって柔らかく、斑紋のあるネコ科動物の中では毛足が長いのが特徴です。マーゲイの体毛がなぜ長いのか、確かな理由はわかっていませんが、新陳代謝率が他のネコ科動物

オセロット系統・マーゲイ
Ocelot Lineage・Margay

木登りするネコ：熟練したネコは頭から下りることができる

　マーゲイ、ウンピョウ、ヒョウ、マーブルキャットなど、木登りの名手はリスのように頭を下にして木から下りることができますが、その決め手は足首が横に回転することにあります。これによって、前足と後ろ足で同じようにしっかりと木の幹につかまることができるのです。イエネコのように幅が狭くて固い足先とは違い、木登り上手なネコ科動物の足先はとても大きく柔らかく、足指が柔軟に動きます。このような幅広の足先は、正確にバランスを取ったりジャンプしたりするための土台としてうってつけというだけではなく、木に登ったり枝からぶら下がったりするときに表面をしっかりつかむのにも役立っています。

マーゲイはオセロットの小型版のような外見で、体毛にもよく似た斑点があるが、マーゲイのほうが尾が長く目がずっと大きい。

　より極端に低いために、体を温かく保てるよう厚みのある毛皮が必要なのではないかと考えられています。

　主に木の上で生活するマーゲイは、森林に大きく依存して暮らしています。この特性とメスが普通一度に1頭しか子供を産まないことから、絶滅の危険にさらされやすいといえるでしょう。

保全状況　IUCN レッドリスト－準絶滅危惧（NT）
体　　重　2.3〜4.9kg
体　　長　51〜79cm
尾　　長　33〜51 cm
産 子 数　通常1頭

オセロット系統・マーゲイ
Ocelot Lineage・Margay

マーゲイの分布図

ジョフロイキャット

英名 = **Geoffroy's Cat**　　学名 = *Leopardus geoffroyi*

　ジョフロイキャットには、両前足を上げて後ろ足だけで座ったり、尾を三脚の脚のように使って後ろ足だけで立ったりする珍しい習性があります。生後2カ月の子供でさえ、この「プレーリードッグ」風の座り方をしているところを目撃されています。小型で適応力のあるジョフロイキャットは、草原、ステップ（乾燥した草原）、広々とした森林、湿地帯など、南米南部のさまざまな環境に暮らしています。木登りはできますが、ほとんど地上で生活します。

　ジョフロイキャットはイエネコと同じくらいの大きさで、イエネコより尾が短く頭がやや平たいのが特徴です。体毛の色はくすんだ灰色からライオンのような黄褐色まで幅があり、小さな黒い斑点は、ところどころ黒い筋のようにつながっています。体毛の美しさから、不幸なことに、ジョフロイキャットは毛皮の取引が世界で2番目に多い動物になっています。1979年から1980年までの2年間に、25万頭以上の毛皮が国際市場で売買されたという記録があります。しかし、1994年以来、ワシントン条約（CITES：絶滅のおそれのある野生動植物の種の国際取引に関する条約）に基づく法律によって保護され、現在は国際取引が禁止されているため、狩猟やわな猟はほとんど行われなくなりました。

　国際取引の心配がなくなったとはいえ、今でも現地の人々は、毛皮や肉を手に入れようとしたり、ニワトリが襲われる被害を防ごうとしたりして、ジョフロイキャットを殺しています。アルゼンチン中部では、ジョフロイキャットの死因の3分の2が、密猟と農場で放し飼いにしているイヌによるものです。

　ジョフロイキャットは適応力が高く融通のきく捕食動物で、すむ場所によって獲物が違います。獲物として記録されているのは、野ネズミ、ノウサギ、キノボリヤマアラシ、テンジクネズミ、アルマジロ、ビスカッチャ、爬虫類、鳥類です。アルゼンチンの砂漠に近い乾燥した岩だらけの丘陵やメキシコハマビシの生えた平地では、ヨロマウスとナンベイヤチマウスが食物の3分の2を占めます。アルゼンチン沿岸のラグーンでは渡ってくる水鳥を捕まえますが、水鳥がいない時期は野ネズミや野生のテンジクネズミが主食になります。

1979年と1980年の2年間に25万頭のジョフロイキャットの毛皮が国際市場で売買された。
ジョフロイキャットは現在では保護され、国際取引が禁止されている。

イエネコと同じくらいの大きさのジョフロイキャットは、適応力が高く融通のきく捕食動物。
美しい体毛と従順な性格でハイブリッドのブリーダーの人気を集め、イエネコとの交配種は「サファリキャット」として知られる。

オセロット系統・ジョフロイキャット
Ocelot Lineage・Geoffroy's Cat

デザイナーキャット：野性味あふれる飼いネコを求めて

あるとき、有名な美女が劇作家のジョージ・バーナード・ショーに近づいて、一緒に子供を持つのはどうかと持ちかけました。「想像してみて。あなたの頭脳と私の美貌を受け継いだ子供よ」するとショーは答えました。「でも、もし僕の容貌ときみの頭脳だったらどうする？」

ネコ好きであれば、人なつこくて優しいミニ版のヒョウが、自宅のリビングルームを歩き回ったり長椅子で眠ったりしていたら、どんなに素敵だろうと空想したことがあるでしょう。ブリーダーが野生ネコのエキゾチックな美しさとイエネコの優しい性格をあわせ持ったペットを次から次へ作り出そうとしていることは、決して意外なことではありません。イエネコをサーバル、ベンガルヤマネコ、スナドリネコ、ジャングルキャットなどとかけ合せて生まれたエキゾチックな外見のハイブリッドは、サバンナキャット、ベンガルキャット、ジャンビキャット、サファリキャットといった名前で知られ、子ネコは2000～1万6000ドル（1ドル＝120円とすると24万～192万円）で売られています。

たいていのハイブリッドキャットの子供は、最初は遊び好きでなつきやすのですが、成長してもそのままでいることは少なく、ほとんどの場合、しだいに扱いにくくなります。1歳半にもなると、去勢（不妊）手術を受けたかどうかにかかわらず、野生と同じように尿をまき散らして家中ににおいをつけるのが普通です。家具をかんだり、かじったり、引っかいたり、他のペットとけんかしたり、何でも物を壊したりするようになり、手に負えなくなった飼い主は、諦めて動物収容所やネコの救済団体に助けを求めることになります。

野性味あふれるネコをペットにしたいと空想したときは、ショーの言葉と、野生型が発現しやすいという優性遺伝形質の現実を思い出してください。

人間が作り出したハイブリッドキャット

・サバンナキャット…イエネコとサーバルとの交配
・サファリキャット…イエネコとメスのジョフロイキャットとの交配
・ベンガルキャット…イエネコとメスのベンガルヤマネコとの交配
・カラキャット…イエネコとカラカルとの交配
・ジャンビキャット…イエネコとスナドリネコとの交配
・チャウシー（ストーンクーガー）
…イエネコとメスのジャングルキャットとの交配

ジョフロイキャットの分布図

ジョフロイキャットは比較的大きな動物も襲います。チリ南部の草原では食物の3分の2以上が、南米で野生化している体重約3kgのヤブノウサギで、何とかして死骸を木の上に運ぼうとしている姿が2回目撃されています。ある科学者はアルゼンチンで、メスがアカノガンモドキ（ヘビクイワシに似た足の長い大型の狩猟鳥）の死骸と格闘している様子を観察しました。そのメスは、ニワトリほど大きい死骸を何度も高い枝の上に運ぼうとしては失敗しましたが、ようやく1時間後に近くの巣穴へ引きずり入れ、獲物の奥で寝ていたといいます。

　ジョフロイキャットは、高さ3〜4.5mにもなる木の枝に糞をするという珍しい習性があります。わざわざこのようなことをするのは、糞が他のジョフロイキャットに対する嗅覚的または視覚的なシグナルの役割を果たしているからではないかと考えられます。

　ジョフロイキャットは飼育状態では繁殖させやすいのですが、動物園ではあまり見かけません。最近のハイブリッドキャットのブームで、飼育されたジョフロイキャットは今や引く手あまたの状態です。ジョフロイキャットとイエネコをかけ合わせた「サファリキャット」と呼ばれるハイブリッドは、ジョフロイキャットの美しい体毛と従順な性格を受け継いでいるとして、民間のブリーダーや一般の人気を集めています。

保全状況　IUCNレッドリスト－準絶滅危惧（NT）
体　重　3〜7kg
体　長　43〜88cm
尾　長　23〜40cm
産子数　1〜3頭

コドコド

英名 = **Guina**　学名 = *Leopardus guigna*

　南米にすむ小さなコドコドは、体の大きさが世界のネコ科で最小クラスというだけではなく、生息地が狭い範囲に限られているという点でも際立っていて、チリとアルゼンチンの沿岸のテキサス州ほどの広さの地域にしか見られません。2002年まで、コドコドについてはほとんど何も知られていなかったのですが、最近の2つの調査によってその生活ぶりが少しわかってきました。コドコドは西半球で一番小さなネコ科動物で、体重は1.5〜2.5kgとイエネコの半分ほどです。黒いコドコドは珍しくなく、チリ本土では発信追跡調査のために捕えたコドコドの3分の2が黒色でした。

　コドコドは主にチリとアルゼンチンの温帯雨林とチリ南部の温帯ブナ林に住んでいますが、ユーカリ植林地と耕作地の間の小さな林地も行動圏としています。広々とした土地は避けて、体を隠せる藪や茂みのある場所を好みます。

　コドコドは小型のハツカネズミと鳥類を主食にしています。ジム・サンダーソン(野生の小型ネコ科動物研究の第一人者)は、チリ西岸沖にあるチロエ島の深い峡谷と人を寄せつけないような竹林で、コドコド数頭に発信機付きの首輪をつけて追跡し、何を食べているかを調査しました。その結果、下草の茂みで狩りをして、ツグミ、タゲリ、クロアカオタテドリなどさまざまな小型の鳥類を捕らえていることがわかりました。また、小型の哺乳類やトカゲ、そして時にはニワトリも襲っていました。

　レイチェル・フリーア(イギリスのダラム大学で生物科学を専攻し、博士号取得のためにコドコドの調査に関する論文を提出した)は、チリ本土の比較的まばらな温帯ブナ林でコドコドを追跡しました。この調査でもコドコドは鳥類を食べていましたが、食物の4分の3近くを南米の小型の野ネズミとチリキノボリネズミ、そして体重30gくらいのオポッサムが占めていることがわかりました。一番活発に動いていたのは夕暮れで、24時間のうち12時間ほどを獲物探しに費やし、木登りの名手ではありますが、普段は地上で狩りをしてい

小さなコドコドとジャガーネコはともに西半球で最小クラスのネコ科動物。小型のハツカネズミと鳥を捕食する。

足で着地：高所から落ちても助かるネコ

　ネコ科動物はどんなときも足で着地する、と古くから言い伝えられてきました。ニューヨークの動物医療センターの研究によって、この伝説が真実であることが確認されました。同センターの医師が高いビルの2～32階から落ちたネコ132頭について調査したところ、驚くべきことに9割が助かり、そのうち3分の2は手当ての必要もなかったのです。

　ネコがこれほど高い所から落ちても死なないのは、足を下に向け、外側に開いて、飛んでいるリスのような「滑走姿勢」をとるためです。こうすることによって、落下中に空中で逆さまにならずにすみ、頭から地面に叩きつけられる危険がなくなります。また、足を外側に開くことで、体にかかる空気抵抗が変化して落下速度が遅くなり、地面にぶつかったときの衝撃も最小限に抑えられます。

　落下の記録としては、マンションの32階からコンクリートの歩道に落ちたサブリナという名前のネコが、歯が欠け胸に小さな傷をしただけでその場から歩き去ったという例があります。この大記録に太刀打ちできる動物はそれほど多くないでしょう。

ました。狭いエリアをゆっくり歩きながら注意深く獲物を探し、素早く別の場所に移動して、またゆっくりと獲物を探すというパターンを繰り返していたといいます。

　コドコドはとても小さいので、毛皮目的で狙われることはあまりありません。しかし、ニワトリを殺したり、ヤギの子供を襲うともいわれているため、存在が人間に気づかれれば捕らえられて殺されます。チリ南部の人々を対象としたアンケート調査では、大半の人がコドコドをよく思っていないという結果が出ています。チロエ島では、サンダーソンが無線機付きの首輪をつけて追跡していた7頭のうち2頭が、家畜のニ

オセロット系統・コドコド
Ocelot Lineage・Guina

コドコドは森林にすみ、昼も夜も活動する。
体重1.8kgの小さな体でヤギの子供やニワトリを襲うことが知られているため、人間の近くに現れれば必ず捕らえられて殺される。

ネコはどうやってヒゲで「見る」のか：暗がりで「触角」のように働くヒゲ

研究者は、目隠しされたネコが、部屋の中に置かれたおもちゃや中にいる他のネコにぶつからず、触れることすらなしに、部屋を通りぬけられることを発見しました。さまざまな哺乳類が、暗がりや視界の悪い場所で物体がどこにあるかを探り当てる「触角」の役割を果たす敏感な特殊な毛を持っていますが、ネコ科動物もその1つです。ネコ科のヒゲは鼻口部の両側、目の周り、顎の下に生えているほか、足首にもあります。

体毛より太く、皮膚の深いところから生えているヒゲは、動きにとても敏感です。根元には液の入った小さな袋があって、ヒゲはソーダ瓶に差したストローのように回転し、何かが毛幹（ヒゲの皮膚から外に出ている部分）を軽くかすめただけで、その情報は袋に張りめぐらされた神経末端にすぐさま伝わります。

ヒゲは、触覚によって一種の視覚を提供する第3の目です。ネコのヒゲはとても敏感で、物体を取り巻く空気の流れのわずかな変化を感じ取れるため、目隠しされたネコは障害物を避け、接触することもなく通り抜けできるのです。この感度の高いヒゲは夜の狩りに欠かせません。研究者は、ネコは目隠しされても、ヒゲさえ傷んでいなければ、ハツカネズミを捕まえて殺せることを、高速度写真によって確認しました。獲物を探して歩き回っているときはヒゲを顔の両側に扇のように広げていますが、捕まえる直前にヒゲを前に向け、口の前に網のように広げます。こうすることで、捕まえる瞬間に相手がどの方向に身をかわそうとしているかをヒゲで正確にキャッチできるのです。捕まえたハツカネズミは、逃げようとして少しでも体をよじれば敏感に感じ取れるように、ヒゲを巻きつけて運びます。

ワトリを襲われた農民によって殺されました。人間との対立のほかに、生息地の破壊や南部の古いブナ林の伐採も、コドコドの個体数が減った主な原因とみられています。コドコドはワシントン条約（CITES）附属書IIに記載され、アルゼンチンとチリでは完全に保護されています。

保全状況　IUCN レッドリスト－絶滅危惧II類（VU）
体　　重　1.3～2.5kg
体　　長　37～51cm
尾　　長　20～25 cm
産子数　　通常1～4頭

オセロット系統・コドコド
Ocelot Lineage・Guina

コドコドの分布図

アンデスキャット

英名 = **Andean Cat**　　学名 = *Leopardus jacobita*

　2000年まで、アンデスキャットがまだ存在していることを示す証拠は、ブエノスアイレスの毛皮市場でたまに見かける剥いだばかりの毛皮と、野生での5～6回の目撃例だけでした。この数少ない目撃例のすべてで、アンデスキャットは人間がいても気にせず、2～3mのところまで近づくことができたと報告されています。アンデスキャットの人間に対する無頓着ぶりはその後も変わっていなかったようで、1998年にジム・サンダーソン（野生の小型ネコ科動物研究の第一人者）がチリで以前の目撃場所を再調査していたとき、キャンプを出たところで1頭のアンデスキャットに出くわしました。サンダーソンはこのアンデスキャットを5時間以上も追跡して写真に撮ることができたのですが、2mほどまで近づいても気にせず、サンダーソンが観察するなか、伸びをしたり、あくびをしたり、岩に尿をまき散らしたり、うたた寝したりしてから、ヤマビスカッチャ探しに戻っていったといいます。

　2004年にはアルゼンチンのメンドーサ州にあるカヴェルナデラブルーハス保護区の公園レンジャーが、崖下の小さな洞窟で2頭のアンデスキャットに出くわしました。このレンジャーも、大人と子供のこの2頭のアンデスキャットを30分以上観察して写真に撮ることができました。しかし、アンデスキャットの物おじしない性格は、研究者に素晴らしいシャッターチャンスを与えてくれる一方で、痛ましい結果も招いています。人間から危害を受けやすく、村人や保護区の警備員に石を投げつけられて殺されたという例が少なくないのです。

　アンデスキャットは大型のイエネコくらいの大きさで、淡いシルバーグレーの体毛は長くて厚く、濃い色の斑点と縞があります。長くてふさふさした尾はユキヒョウの尾に似ていて、濃い色の横縞が7本ほど入っています。暮らしている場所はアルゼンチン、ボリビア、チリ、ペルーにまたがるアンデス山脈の岩が多く木のない広々とした斜面で、標高はだいたい3,000～5,000mです。標高が高いと、日中でも気温は0～4℃ほどしかなく、あたりが凍りつくのは日常茶飯事で、水は希少です。最近では、アルゼンチンのもっと標高の低い場所で目

アンデスキャットはペルーからアルゼンチンにかけてのアンデス山脈の高地にすんでいる。

アンデスキャットは絶滅危惧IB類（EN）に指定されているネコ科4種のうちの1つで、長く厚い体毛とふさふさした尾は極端に気温の低い環境で生き抜くための適応。

うんちの最新情報：糞のDNAから個体を特定する新たな調査技術

　かつてフィールド生物学者は、ネコ科動物が何を食べているかを知るために、糞に混じっている羽毛、毛、骨などを丹念に調べていました。最近は、糞から取り出した固有のDNAシグネチャーを利用した新しい技術によって個体が特定できるようになり、ネコ科動物の糞からこれまで以上に重要な情報が得られるようになりました。

　食物が動物の消化器官を通るとき、腸の薄い細胞膜が付着します。この細胞のDNAを集めて分析し、糞からネコの個体を特定することが可能になったのです。それぞれの個体が何を食べていたのか、オスとメスの食生活に違いはあるのか、などがわかるようになっただけでなく、それ以上に重要な点として、エリア内のトラ、ヒョウ、ジャガーなどの個体数をかなり正確に推定できるようになりました。

アンデスキャットの生活はビスカッチャ（岩の積みあがった場所でコロニーで暮らすウサギほどの大きさのげっ歯類）と切っても切れない関係にある。

撃されたという記録もあります。

　アンデスキャットの生活は、ヤマビスカッチャ——コロニー（集団）で生活するウサギほどの大きさの動物——と切っても切れない関係にあります。アンデスキャットは普通、2〜3日かけて1つのコロニーを襲い、それが終わると数km離れた別のコロニーを襲います。メスが子供を無事に育て上げるためには、行動圏内に繁殖力のある大きなコロニーが少な

アンデスキャットの分布図

くとも1つか2つ必要です。これまでに発信機付きの首輪をつけて調査されたアンデスキャットは1頭のメスで、行動圏の広さは47km²でした。オスは、メス数頭の行動圏を含むもっと広い範囲を歩き回っているとみられています。

近縁種のジョフロイキャットと同じように、アンデスキャットも糞を放置します。調査にもってこいのこの習性と「分子糞便学」という新しい科学によって、研究者はアンデスキャットの食生活をもう少し詳しく知ることができるようになりました。ヤマビスカッチャはアンデスキャットの食物の90%以上を占めていますが、アンデスオオミミマウスやチンチラ、ウズラほどの大きさのシギダチョウも食べます。

アンデスキャットは10年たらずで、ほぼ無名の種からネコ科動物保全のモデルへと変身を遂げました。2002年にIUCNレッドリストの絶滅危惧II類(VU)からネコ科では4番目となる絶滅危惧IB類(EN)に格上げされましたが、アンデスキャットの長期的な保全見通しには希望が持てます。1999年後半にアルゼンチン、ボリビア、チリ、ペルー、米国から集まった意欲的な生物学者が結成したアンデスキャット保全連盟(Andean Cat Alliance、スペイン語名 Alianza Gato Andino)が、保全行動計画を短期間でまとめ上げて、アンデスキャットの分布と基本的な生態についての情報を提供し、種に対する脅威を取り除くために行動し、一番重要なポイントとして、現地の人々を巻き込んだ保全活動を行っているからです。このプロジェクトと最新の現地活動に関する情報やカメラトラップ法によって撮影された新しい写真は www.gatoandino.org をご覧ください。調査活動への寄付は ttp://wildnet.org/wildlife-programs/andean-cat で受け付けています。

保全状況　IUCNレッドリスト− 絶滅危惧IB類(EN)
体　　重　3〜7kg
体　　長　57〜65cm
尾　　長　41〜48cm
産 子 数　1〜2頭

ジャガーキャット

英名 = **Oncilla**　　学名 = *Leopardus tigrinus*

　ジャガーキャットはマーゲイにとてもよく似ていますが、マーゲイに比べると小さくてきゃしゃで、耳は大きく、鼻から口にかけての幅が狭いのが特徴です。2～3年前まで、ジャガーキャットは森林にだけすみ、生息地は低地林と雲霧林（絶えず雲や霧がかかる湿度の高い山間の森林）に限られると考えられていました。しかし、最近のカメラトラップ法を使った調査によって、湿度の高いサバンナや乾燥したサバンナ、そして有棘低木林にもすんでいることがわかりました。

　体重2.5kgほどの小さな体から想像がつくように、ジャガーキャットはとても小さな生き物を捕食します。鳥類、小型のネズミ、トカゲ、ムカデ、バッタ、甲虫、小型のオポッサムなど、獲物のほとんどは中型トマトくらいの大きさで体重が100g以下です。森林では夜に狩りをしますが、サバンナや低木林では狩りは日中の仕事です。

　マーゲイやオセロットと同じように、ジャガーキャットも、妊娠期間が長く、普通は一度に1頭しか子供を産みません。個体数が減ると元に戻るまでに時間がかかるので、狩猟やわな猟によって絶滅の危険にさらされやすいといえます。最近の遺伝子分析から、ジャガーキャットには2つの種があると考えられています。

ネコは砂糖オンチ：甘味を感じる遺伝子がない

　トラから飼イエネコまで、ネコ科動物はみんな甘さを感じる受容体を持っていません。イヌやたいていの哺乳類と違って、砂糖の味にはオンチです。甘い物質は2つの遺伝子が支配する味覚受容体によって認識されるのですが、そのうちの1つがネコ科では働かないのです。この「砂糖オンチ」は、ネコが完全な肉食動物として進化するうえで大きな役割を果たしたと考えられています。

小さくてきゃしゃなジャガーキャットは小型版マーゲイのように見える。
オセロットやマーゲイと同じように、普通は一度に1頭しか子供を産まない。

オセロット系統・ジャガーキャット
Ocelot Lineage・Oncilla

ジャガーキャットの分布図

2013年に、南米にすむオセロット系統の遺伝子を研究しているブラジルの科学者が、ブラジル北部と南部のジャガーキャットは2つの別の種であるという見方を示した。この1つの地域の個体群には遺伝子的な違いがあり、少なくとも10万年前に枝分かれしたと考えられている。2つの種の名前はまだ決まっていない。

ブラジル北部と南部のジャガーキャットは体の大きさが同じで外見はほとんど変わらないが、北部のほうが体毛の色がやや薄く、バラの形の斑紋（ロゼット）がわずかに小さい。別の地域にすむジャガーキャットの遺伝子情報がわかれば、さらに新しい種が見つかる可能性があると科学者は期待している。

保全状況　IUCNレッドリスト－絶滅危惧II類（VU）
体　　重　1.8～3.5kg
体　　長　38～59cm
尾　　長　20～42cm
産子数　　1～4頭、通常1頭

パンパスキャット

英名 = **Pampas Cat**　学名 = *Leopardus colocolo*

　パンパスキャットは体格のいいイエネコのような外見で、毛足が長い分、実際より大きく見えます。背中にたてがみのような長い体毛が生えている個体もいて、おびえたり緊張したりするとそれが逆立ち、さらに大きく威圧感のある印象を与えます。北はエクアドルとブラジルの広々とした乾燥草原や高地砂漠から、南はパタゴニアまで、南米ではよく見かける動物です。獲物は主に小型の哺乳類ですが、家畜のニワトリを襲うことが知られているほか、パタゴニアではマゼランペンギンの巣を襲ったところが目撃されています。

　パンパスキャットは適応性のある捕食動物で、狩りをする時間や場所、狩りの獲物などは状況に応じてさまざまです。アルゼンチンの高地にある砂漠では、夜に狩りに出かけ、アンデスオオミミマウス、鳥、ツコツコ（ジリスに似たげっ歯類）を捕らえます。この地域では、昼間ヤマビスカッチャを襲う少し体の大きいアンデスキャットと時間交替で狩りをしているようです。チリ北部の寒々としたアルティプラノ（アンデス山脈中部の山間にある広大な高原）でも、ところどころに高地のラグーンがある岩だらけで木のない乾燥した場所で、パンパスキャットとアンデスキャットが交替で狩りをしています。どちらも主食をヤマビスカッチャに頼っていますが、パンパスキャットが湿地にすむ渡り性の水鳥やフラミンゴも襲うのに対して、アンデスキャットは岩の多い険しい場所でヤマビスカッチャを捕らえることに専念しています。

　メリーランド州国立がん研究所（NCI）にあるスティーブ・オブライエンのゲノム多様性研究室の科学者は、パンパスキャットとアンデスキャットが「姉妹種」で、南米にすむ小型のネコ科動物から約200万年前に枝分かれしたことを発見しました。また、生息地によって頭骨や骨格の大きさに違いがあることから、生息地が孤立化した結果、パンパスキャットが3つの種に分かれたという説も出されています。パンパスキャットの分布状況や、個体群が高い山脈や大規模な河川系によって隔てられたという事実から、種が分かれた可能性は確かにありますが、遺伝子分析の結果からは、パンパスキャットはやはり1つの種と考えられます。

パンパスキャットは体格のいいイエネコのような外見で、毛足が長い分、実際より大きく見える。
南米の広々とした乾燥草原と高地砂漠でよく見られる。

パンパスキャットの分布図

保全状況　IUCNレッドリスト－準絶滅危惧（NT）
体　　重　3〜4kg
体　　長　42〜79cm
尾　　長　22〜33cm
産 子 数　1〜3頭

オオヤマネコ系統

Lynx Lineage

ユーラシア オオヤマネコ

英名 = **Eurasian Lynx**　学名 = *Lynx lynx*

　約200万年前、ピューマほどの大きさのネコ科動物が、ヨーロッパとアジア北部を歩き回っていました。イソワールオオヤマネコです。このオオヤマネコの祖先は、現在のオオヤマネコより頭は大きく、足は短くがっしりしていて、歯の形からノロジカくらいの大きさの獲物を食べていたことがうかがえます。イソワールオオヤマネコは、ユーラシアオオヤマネコ、カナダオオヤマネコ、スペインオオヤマネコ、ボブキャットの祖先と考えられています。

　イソワールオオヤマネコがユーラシアから北米に入ったとき、北米にはノロジカほど大きい獲物は存在せず、一番たくさんいた獲物は、ノロジカよりはるかに小さいカンジキウサギでした。現在カナダオオヤマネコとして知られている種はノウサギ専門のハンターになり、今ではカンジキウサギなしには生きていけないほどになっています。同じくイソワールオオヤマネコの子孫であるスペインオオヤマネコはヨーロッパにとどまりましたが、氷河期の前にスペインとポルトガルに移りました。この種も徐々に小型化し、ウサギを専門に狩るようになりました。

耳の房毛：合図の装置？

　イワトビペンギンやフクロウの房毛のように、リス、マーモセット、アフリカカワイノシシ、そしてオオヤマネコなど、十数種類の哺乳類の耳には房毛があります。その役割は、カムフラージュから聴力の助けまで、ありとあらゆる説が出されていますが、どの動物にも当てはまる説得力のある答えはまだ見つかっていません。

　ネコ科動物の場合、耳の房毛はコミュニケーション能力を高める信号装置である可能性が高いとされています。カラカル、ボブキャット、ユーラシアオオヤマネコ、カナダオオヤマネコ、スペインオオヤマネコには、よく目立つ房毛があり、また尾が短いという共通点もあります。ネコ科動物は尾を使って情報を伝えますが、長い尾を持っていないこれらの種は、耳の房毛がコミュニケーションで重要な役割を果たすと考えられているのです。

ユーラシアオオヤマネコの大きさは他のオオヤマネコの約2倍で、大きなオスは体重30kgにもなる。

オオヤマネコ系統・ユーラシアオオヤマネコ
Lynx Lineage・Eurasian Lynx

ウサギとノウサギを捕食する他のオオヤマネコと違って、ユーラシアオオヤマネコはノロジカを主食にしている。

　現代のオオヤマネコ4種のうち、祖先であるイソワールオオヤマネコの大きさや特徴を今も多く保っているのはユーラシアオオヤマネコだけです。体の大きさは他のオオヤマネコの2倍で、大きなオスは体重30kgにもなります。ボブキャットに似ていますが、ボブキャットよりずっと大きく、足が長く、足先が大きいのが主な違いです。ユーラシアオオヤマネコは、背が高くて足の長い体型と、前に傾いたような少しばかり奇妙な姿勢が特徴で、動いていると後ろ足が前足よりかなり長いのが目立ちます。オオヤマネコ系統は、長い後ろ足と短い前足によってスピードと強さをあわせ持っています。長い後ろ足は、すぐに全速力に達して獲物を猛スピードで追いかけるのに役立ち、短い前足は、主にパニックになった獲物との接近戦で威力を発揮します。日常的にシカを襲うユーラシアオオヤマネコは、短くて力強い前足で大型の獲物を捕まえて押さえつけるのです。

　ユーラシアオオヤマネコは、カナダオオヤマネコと同じように指の間に水かきが発達した幅広の足先をしていて、冬には足先の底に長くてもじゃもじゃした毛がびっしりと生えます。これらはすべて、深くて柔らかい雪の中を楽々と移動するための適応です。ユーラシアオオヤマネコは森林にすみ、広い生息地はノロジカとほぼ重なっています。ヨーロッ

オオヤマネコは日中は茂みに隠れ、夕方になると狩りに出かける。夜明けと夕暮れに最も活発に活動する。

シャモアもユーラシアオオヤマネコの好物。あいにくシャモアは猟獣としても人気があるため、ハンターとの間で摩擦が生じている。

パとアジアのほとんどの地域で、ユーラシアオオヤマネコの一番重要な獲物はこの体重20kgのノロジカですが、トナカイの子供、野生のイノシシ、アカシカの子供、ノウサギなど小型の動物も捕食します。

　昼間は茂みに隠れ、夕方になると表に出ます。一番活発に活動するのは夜明けと夕暮れですが、夜じゅう断続的に狩りをします。ある科学者が自分の手で育てた2頭のユーラシアオオヤマネコの能力をテストしたところ、75m先のハツカネズミや300m先のノウサギ、500m先のノロジカが見えることがわかりました。狩りのときは、シカやノウサギがよく通る道をたどり、たびたび立ち止まって、大きな岩や倒木の上からあたりの様子をうかがいます。普段は水を避け、小川を横切るときは倒木の上を歩いたり、岩から岩へ飛び移ったりします。

　ユーラシアオオヤマネコは人間の近くで暮らすことができますが、警戒心が強くて気が小さいため、歴史的に見ると人間との関係はあまりうまくいっていません。かつてはヨーロッパ全域にすんでいたのに、森林伐採や人間による迫害、獲物の減少などによって、19

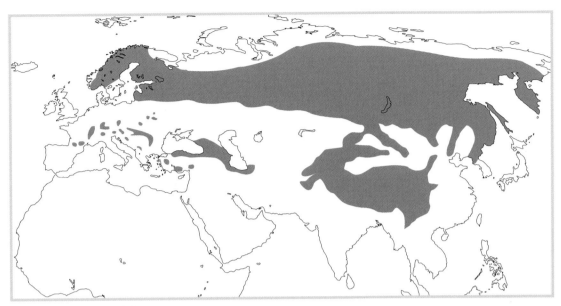
ユーラシアオオヤマネコの分布図

　世紀末にはヨーロッパ中央部と南部のほとんどの地域から姿を消し、生き残れたのはスカンジナビア、ロシア、バルカン半島、カルパティア山脈だけでした。

　1970年代にこの種をヨーロッパに再導入しようという試みが始まり、この40年間に、過去の生息地内の20カ所以上で個体が自然に放たれました。スイス、スロベニア、チェコ共和国では大きな成果があり、個体数は増加して隣り合う森林にも広がりました。しかし、大半のケースでは個体数は少ないままで、生息地もいまだに切れ切れに分断された状態です。全体としてはユーラシアオオヤマネコの数は増え、生息地も広がっていますが、アルプス山脈ではこの種が戻ってきた地域は20%にも達していません。

　再導入されたユーラシアオオヤマネコの数が増えるにつれて、農民とハンターは懸念を強めるようになりました。ユーラシアオオヤマネコが家畜のヒツジやノロジカ、シャモアを襲うようになり、畜産業者やハンターとの間で摩擦が起きているのです。畜産業者との摩擦は家畜の損害に対する金銭的補償によってかなり解消しましたが、ハンターはユーラシアオオヤマネコがノロジカやシャモアの数を減らしていると主張し、違法に殺しています。ハンターとの対立が解決すれば、この種の個体数回復は大いに前進するでしょう。

保全状況　IUCNレッドリストー軽度懸念（LC）
体　　重　17〜30kg
体　　長　90〜120cm
尾　　長　18〜23 cm
産子数　　1〜4頭

スペインオオヤマネコ

英名 = **Iberian Lynx**　学名 = *Lynx pardinus*

　スペインオオヤマネコは、世界の野生ネコ科動物で絶滅の危険性が最も高く、ただ1種絶滅危惧IA類に指定されています。野生では、スペイン南部に2つの孤立した小さな個体群として約250頭が生き残っているにすぎません。この25年間にスペインオオヤマネコの数は急激に減り、絶滅から救うために超人的な努力が続けられていますが、ネコ科ではヨーロッパのケーブライオン以来の絶滅種になる可能性が高いとみられています。

　200万年ほど前、イソワールオオヤマネコと呼ばれるネコ科動物がヨーロッパとアジア北部を歩き回っていました。このオオヤマネコは現代のオオヤマネコの共通の祖先と考えられていますが、現代のオオヤマネコに比べると足が短く、顎と歯の形から判断すると、ノロジカくらいの大きさの動物なら何でも食べていたようです。

　約100万年前に第四紀氷河期の氷河がユーラシア大陸の南にまで広がったとき、野生生物はヨーロッパ南部の暖かい地域へ移り、イベリア半島（スペインとポルトガル）はオオヤマネコをはじめとするさまざまな種の避難所になりました。これとほぼ同じ頃、イベリア半島の化石記録にアナウサギが登場しました。アナウサギは現在は広い地域に分布していますが、いろいろな状況から見て元々はイベリア半島にすんでいたようで、1万年前まではスペイン、ポルトガルとフランス南部でしか見つかっていません。アナウサギがたっぷりいるイベリア半島に移動したオオヤマネコは、主にウサギを捕食するようになりました（当時のアナウサギは現在の近縁種よりも大きかったよう）。スペインオオヤマネコはやがてウサギ専門のハンターになり、分布地域もアナウサギの自然分布域と重なるようになりました。

　現代のスペインオオヤマネコは、祖先のイソワールオオヤマネコよりやや小さく、イソ

絶滅危惧IA類に指定されているスペインオオヤマネコはウサギ専門のハンター。
病気や生息地の変化によりイベリア半島全域でウサギが激減した結果、スペインオオヤマネコも急減し、野生には250頭しか残っていない。

ワールオオヤマネコと違って獲物をほぼウサギに頼っています。食物の80〜99％をウサギが占めるという特殊な食性は、スペインオオヤマネコの生き残りを危うくする制約になっています。ウサギは比較的体が大きく、捕まえるのがそれほど難しくなく、1年に5〜6頭の子供を産み、集まって暮らしているという、中型の肉食動物にとって理想的な獲物です。しかし、スペインオオヤマネコが生命を維持するには1日に約1頭のウサギが必要で、十分なウサギがいない場所では生きていけません。

スペインオオヤマネコがウサギ専門ではなく、祖先のイソワールオオヤマネコのように雑食性肉食動物のままでいたなら、21世紀のヨーロッパを生き抜くのはもっと楽だったでしょう。イベリア半島のアナウサギの数は、生息地の変化や病気――1950年代に初めて持ち込まれた粘液腫症と1980年代の出血病の大流行――によって、1950年代に比べて95％も減りました。伝説になるほど高い繁殖能力があるにもかかわらず、かつてあり余るほどいたアナウサギは姿を消しつつあります。アナウサギはスペインとポルトガルで準絶滅危惧種に指定され、不幸なことに、スペインオオヤマネコは獲物であるこのアナウサギと運命をともにしようとしています。

スペインオオヤマネコはイエネコの2倍ほどの大きさで、イエネコに比べて足が長く、肩のあたりの高さは40〜50cm、体重は8〜16kgほどです。体と尾が短く、耳に房毛があり、頭が比較的小さいという点は他のオオヤマネコと共通しています。オス、メスとも顔のヒゲがよく目立ち、耳の先にはまっすぐに立った長くて黒い房毛があります。

当然ですが、スペインオオヤマネコは、ウサギが好む生息環境の低木地、草地、木のまばらな林などにすんでいます。子供を産むメスは、巣に使える安全な場所（木や岩の空洞など）といつでも手に入る水を必要とします。また、子供のいないスペインオオヤマネコは雑多な獲物でも生き延びることができますが、子育てするメスには十分な数のウサギを確保できる環境が不可欠です。メスは3月か4月に2〜3頭の子供を産みます。生まれたては目が見えず、自分で体温を調整することさえできないため、母親は産後2〜3週間、かなりの時間を巣で過ごして、子供の面倒を見たり体を温めたりしなくてはなりません。子供は生まれたときには耳が折れていて、耳の先には黒い小さな房毛が生えています。母親は子供を1カ月ほど巣で育てた後、2〜3日ごとに子供を違う巣に移すのが普通です。子供は6〜7週間でかなり競争心が強くなり、激しいけんかをしたり、時には兄弟や姉妹で殺し合うこともあります。

国際的な保全コミュニティの支援によって、スペインとポルトガルではスペインオオヤマネコを救う大がかりな取り組みが進められています。専門家は、スペインオオヤマネコが生き延びるためには生息地の回復、再導入、餌やり、捕獲繁殖などによる保全が必要と考えています。道路を横切ろうとして車にひかれるスペインオオヤマネコが多かったため、取り組みの一環として、野生動物用の地下道が建設されました。

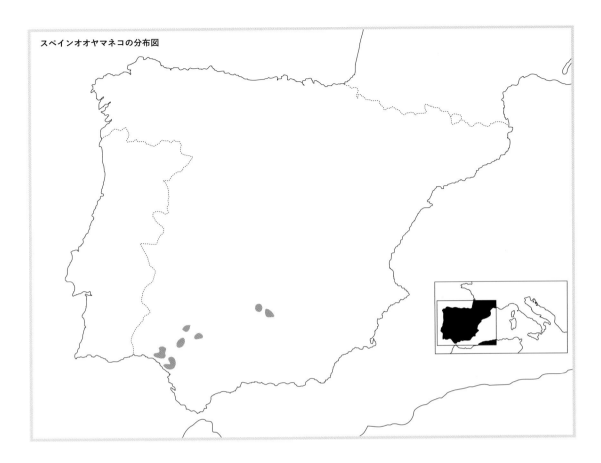

スペインオオヤマネコの分布図

　2003年には大規模な捕獲繁殖プログラムがスタートしています。何度か失敗もありましたが、少なくとも46頭の子供が生まれ、2009年に16頭の子供が別の繁殖プログラムのためポルトガルに送られました。同じく2009年には、捕獲繁殖プログラムで育ったスペインオオヤマネコがコルドバの近くで初めて野生に放たれています。ウサギを補助的な餌として与えられたこれらのスペインオオヤマネコは、生き残って繁殖しました。捕獲繁殖プログラムで新しい個体が育てば、また野生に放つことが計画されています。現在飼育中のスペインオオヤマネコには、繁殖能力のあるメスが84頭含まれています。

保全状況　IUCNレッドリスト－絶滅危惧IA類（CR）
体　　重　8～16kg
体　　長　65～92cm
尾　　長　11～16 cm
産 子 数　通常1～4頭

カナダ
オオヤマネコ

英名 = **Canada Lynx**　学名 = *Lynx canadensis*

　カナダオオヤマネコはボブキャットととてもよく似ているため、ボブキャットはかつて、カナダオオヤマネコの「南方型」にすぎないと考えられてきました。現在では、この2つは別々に北米に入ったことがわかっています。ボブキャットは200万年以上前に米国に移動しましたが、カナダオオヤマネコはわずか20万年前にアジア中央部からベーリング海峡を通ってアラスカ州とカナダにすみつきました。

　背が高く足の長いカナダオオヤマネコは、ほぼノウサギ専門のハンターで、ネコ科の中でネコ科らしくない体つきをしている数少ない種の1つです。体重はイエネコの2倍ほどですが、体に不釣合いなほど足が長く、特に後ろ足がかなり長いために、姿勢が前に傾いています。この長い足は、獲物のカンジキウサギと同じように雪の中を走ったり跳んだりすることに適応した結果です。

　カナダオオヤマネコは足先も粉雪の上を滑らかに移動するための特別なつくりをしています。足跡は大きく、男性の手のひらほどにもなります。足の指の骨が人間の指の骨のように長くて広がるので、足の表面が大きくなるからです。この長い足指と足の底にびっしり生えた粗い毛の組み合わせによって、カナダオオヤマネコの足はまるでかんじきのように見え、同じくらいの体格のボブキャットの足の2倍ほどの大きさがあります。この大きな足が、雪の上でかんじきが人間を支えるように、カナダオオヤマネコの体重を支えるのです。ボブキャットの小さくて幅の狭い足は雪の中に沈んで身動きが取れなくなるので、深い雪の中の狩りではカナダオオヤマネコにとても太刀打ちできません。

　深い雪の中を移動できる能力で、カナダオオヤマネコはボブキャットには向かない場所で生活し狩りを行うことができます。しかし、ボブキャットと共存している一部の地域では、攻撃性の強いボブキャットに押されがちです。もし気候変動によって雪が今ほど積もらなくなり、ボブキャットが北へ移動するようなことがあれば、カナダオオヤマネコにとっ

カナダの多くの地域では毛皮を目的としたカナダオオヤマネコのわな猟が行われているが、わな猟免許や禁猟期の設定、数量割り当てにより捕獲が規制されている。規制の一環として、わな猟を禁止する保護地域も設けられている。

背が高く足の長いカナダオオヤマネコはノウサギ専門のハンター。足の指骨が長く、広げられるため、足先の表面が大きくなり、深く柔らかい雪の中でもかんじきを履いたように滑らかに移動できる。

カナダオオヤマネコの分布はカンジキウサギの分布と重なっていて、時期によっては他の獲物をほとんど食べないこともある。獲物になるカンジキウサギがどのくらいいるかがカナダオオヤマネコの生活のすべての面に影響を及ぼす。

ていい兆候とはいえないでしょう。

　カナダオオヤマネコの食物の大半はカンジキウサギです。夏場は鳥類やハタネズミ、リスなども襲いますが、それでも食物の大部分はノウサギの肉です。分布は獲物のカンジキウサギと重なり、個体数の増減もカンジキウサギのそれと重なります。

　ハドソン湾会社（17世紀に国王からカナダで毛皮取引を行う特別許可をもらって設立されたイギリスの会社。現在はカナダ最大の小売企業）の1800年代初めからのわな猟の記録によると、オオヤマネコの数はおよそ10年のサイクルで増減しています。このサイクルは北米の東から西までほぼ同時で、ノウサギの数の劇的な変化に連動します。ノウサギの生息密度は、サイクルのピークで1km^{2}当たり2,300頭にも達しますが、その2〜3年後のサイクルの底では12頭にまで落ち込みます。カナダオオヤマネコの数は、このノウサギの数とともに増加と減少を繰り返しているのです。ノウサギの数が多い時期には、メスは6頭もの子供を引き連れていることがあり、子供たちの大半は成長して大人になります。しかし、ノウサギの数が落ち込んでいる時期には、子供はほとんど生き延びることができません。大人はすんでいた場所を離れ、時には500〜1,000kmにもなる長い距離を移動します。

オオヤマネコ系統・カナダオオヤマネコ
Lynx Lineagee・Canada Lynx

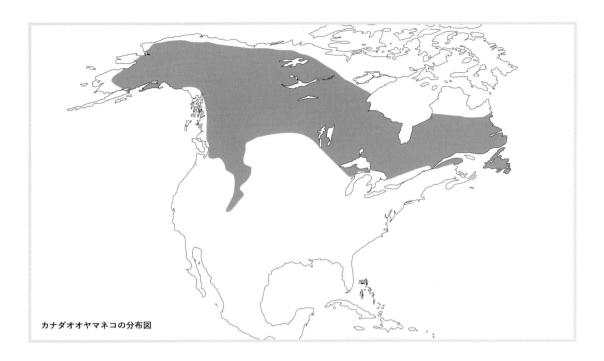

カナダオオヤマネコの分布図

　カンジキウサギが食事をするのは夜で、カナダオオヤマネコは普通、このときを狙って狩りをします。カナダオオヤマネコが生きていくためには毎日1〜2頭のウサギを見つけて殺さなくてはなりません。小さなエリアをジグザグに動いたり、円を描きながら行ったり来たりして、茂みに隠れているウサギを追い立てます。時には待ち伏せして襲うこともあり、待ち時間が長いと、融けた雪が凍って雪の上にオオヤマネコの体の形を残していることもあります。「雪のベッド」からの待ち伏せ攻撃は、ウサギが少ない時期に体力を無駄にしないための知恵なのかもしれません。

　カナダオオヤマネコは、ネコ科では珍しく、ときどきグループで協力して狩りをします。母親が大人に近い大きさに成長した子供と狩りをするケースが大半ですが、特にウサギの数が少ない時期は、2〜3頭の大人が協力します。この習性は生物学者が雪の上の足跡などから情報を読み取ってわかりました。YouTube上に、2〜4頭のカナダオオヤマネコが林の中の空き地を1列になって歩いた後、扇形に広がって共同戦線を張りながらエリア内を移動し、ウサギを茂みから追い立ててグループ内のメンバーに襲わせる様子をとらえた動画が投稿されています。

　カナダでは、多くの地域で毛皮を目的とするカナダオオヤマネコのわな猟が行われていますが、わな猟免許や禁猟期の設定、数量割り当てによって捕獲は規制されています。

保全状況	IUCN レッドリスト−軽度懸念（LC）
体　　重	5〜17.3kg
体　　長	74〜107cm
尾　　長	5〜12.7 cm
産子数	1〜8頭

ボブキャット

英名 = **Bobcat**　学名 = *Lynx rufus*

　ボブキャットはかつてカナダオオヤマネコの南方型と考えられていました。ところが、化石とDNAの研究によって、ボブキャットの祖先はカナダオオヤマネコよりずっと早い時期に北米に入ったことがわかりました。2種の見た目はよく似ていても、別々の進化を遂げてきたのです。ボブキャットが北米に入ったのは約200万年前で、カナダオオヤマネコは20万年前と比較的最近です。ボブキャットとカナダオオヤマネコはとてもよく似ていて、簡単には見分けがつきません。どちらも耳に房毛があり、頭は小さめで、長い足をしています。しかし、ボブキャットのほうが足先が小さく、短い尾は上面が黒く下面は白いという特徴があります。

　ボブキャットは、カナダオオヤマネコと違い、深く柔らかい雪の中での生活や狩りには適応していません。寒い気候で体温を調整するのも苦手です。そのためか、雪が深く気温の低い北方地域での分布は限られています。それでも生息地と食物に関しては柔軟性のある動物です。木登りも上手く、イヌに追いかけられるとたちまち木に登ります。必要に迫られれば泳ぐこともできますが、進んで水に入ることはめったにありません。

　体を隠せる茂みや起伏のある土地を好み、ワタオウサギなどのノウサギ、オポッサム、野ネズミなど、ほぼどんな動物でも捕食します。子ジカもたびたび襲い、意外なことに、特に米国北東部ではシカが食物の大きな割合を占めています。普段は比較的小型の動物を食べますが、自分の10倍以上も大きい大人のシカを簡単に倒します。家畜のニワトリやシチメンチョウ、ヒツジ、ヤギを襲うこともあるものの、大きな被害を与えることは少ないようで、一晩にたくさんのニワトリや子ヒツジを殺してニワトリ小屋やヒツジの出産小屋を大混乱させたという例が数件知られている程度です。

　狩りの際は、小道に沿ってゆっくり歩き、何か物音がすると立ち止まって注意深く耳をすませます。鳥の羽毛がかすかに動いたり動物の毛がほんの少し枝にひっかかっただけで

狩猟とわな猟によって、ボブキャットは1970年代に米国中西部からほぼ姿を消したが、法律で保護されたことで個体数は回復している。

ベジタリアンになれない理由：ネコは生まれながらの肉食動物

　ネコ科動物の体には、その食性が端的に表れています。物を突き刺したり切り裂いたりする歯、鋭い爪、そして短い腸は肉を処理することへの適応で、まさにハイパー肉食動物ならではの体に生まれついていると言っていいでしょう。
　ネコ科が必要とするビタミンとアミノ酸の多くは動物からしか摂れません。人間やイヌと違って体内でタウリンを作り出すことができないだけでなく、それ以外の主な栄養素を植物から取り入れることもできないのです。ネコ科動物はまた、他の多くの哺乳類より高い割合のタンパク質を必要とします。たとえば、イエネコの食事には最低12％のタンパク質（子供では18％）が含まれていなくてはなりません。ですから、イエネコを健康に幸せに保つようなベジタリアンの食事を開発するのはとても難しいのです。これに対して、イヌは4％のタンパク質があれば十分で、ベジタリアンの食事でも生き延びられるし繁殖することもできます。

短い尾で簡単に見分けのつくボブキャットは
北米では一番数が多く広範囲に生息する野生ネコ。
外見はカナダオオヤマネコによく似ているが
足先はずっと小さい。

　もすぐに気がつきます。毛皮を狙うわな猟師はこの性質を利用して、毛の房、羽毛、ゆらゆら揺れる銀箔などを使ってボブキャットを罠に誘います。
　ボブキャットは繁殖力が高く、一度にたくさんの子供を産み、生涯に産む子供の数は24〜30頭にもなります。これに比べ、ボブキャットと同じくらいの大きさのオセロットのメスが生涯に産む子供はせいぜい7頭です。食物がふんだんにあれば、メスのボブキャットは生後9〜12カ月で妊娠できますが、獲物が少ないと妊娠することはほとんどありません。

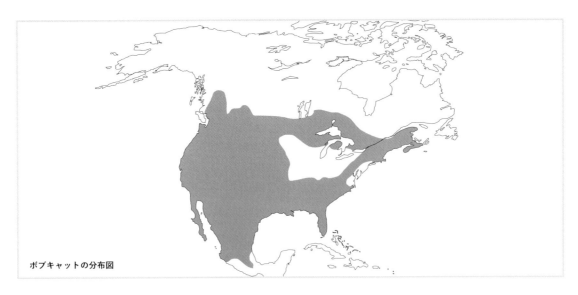

ボブキャットの分布図

　妊娠期間は約63日で、母親は積み上がった岩の間や洞窟、木の空洞など、外から見えにくい巣で2〜3頭の子供を産みます。荒れた空き家や空になったビーバーの巣を使っていたという記録もあります。子供が2カ月になると、母親は獲物を生きたままか死んだ状態で巣に持ち帰り、子供に食べさせ始めますが、その後も1カ月は続けて面倒を見ます。3カ月経つと、子供は母親の後をついて出かけるようになり、7カ月になるまで母親の狩りに頼って暮らします。

　現在、北米の生息地のほとんどでボブキャットの狩猟とわな猟が行われています。1970年代に熱帯にすむネコ科動物の毛皮取引が禁止された後、ボブキャットの毛皮がそれに代わって人気を集め、斑点のあるネコ科動物としては国際市場で最も盛んに取引されるようになりました。しかし、頭数減少への懸念が高まった結果、1977年までにボブキャットは法律で保護されることになり、毛皮の国際取引は禁止されました。その後2000年までに個体数は回復して、最近では法律による保護の取りやめを求める動きも出てきています。ワシントン条約（CITES）では引き続き附属書Ⅱに記載され、斑点のあるネコ科としてはただ1種、わな猟と狩猟が法律で認められています。

　今日、過去の生息地の多くにボブキャットがもう一度すみ着きつつあります。保全のための適切な法律と本来の高い繁殖能力があいまって、ボブキャットは最も保全に成功している小型野生ネコの1つとなっています。

保全状況　IUCN レッドリスト−軽度懸念（LC）
体　　重　6〜20kg
体　　長　50〜120cm
尾　　長　9〜25cm
産 子 数　1〜8頭

ピューマ系統

Puma Lineage

チーター

英名 = **Cheetah**　学名 = *Acinonyx jubatus*

　高速道路をドライブするときがあれば、窓の外をチーターが並んで走っていると想像してみてください。この優美なネコ科動物は、時速100kmを超えるスピードで走ることができます。チーターはいわばネコ科のグレイハウンドで、他のネコ科動物よりも長い足、長くてしなやかな背骨、バランスを取るために使われる長い尾など、走るために生まれてきたような体をしています。大きさはヒョウと同じくらいですが、筋肉隆々のレスラーのような大型ネコと違い、すらりと痩せて胸の厚い、スプリンターらしい体型が特徴です。

　ネコ科のほとんどは、爪を使わないときは引っ込められるのですが、チーターの爪は他のネコ科動物に比べて短くまっすぐで、しまっておくさやもないため、爪を引っ込めても出しっぱなしのように見えます。「チーターの爪はイヌのように引っ込められない」と一般に誤解されているのは、このような理由からです。チーターは先のとがっていないしっかりした爪を、ランニングシューズのスパイクのように使って蹴り出し、スピードを上げます。足の真ん中にある肉球も走りを支えています。肉球には車のタイヤのような溝があり、高速で方向転換するときに静止摩擦とグリップ力をもたらします。走っているチーターの歩幅は約7mあり、これは全力疾走する馬の歩幅と同じです。加速するにつれて1秒当たりの歩数が増え、最高速度は秒速25mと、人間の最速スプリンターの3倍近くに達します。チーターの最高速度については議論がありますが、短距離で一番信頼性の高い推定値は時速約109kmです。

　チーターは獲物を長い距離追いかけることはありません。それよりも、短距離を爆発的に疾走できる体になっています。肺と心臓が大きく、鼻腔が広いおかげで、チーターは走り出してからわずか2秒間で一気に加速して時速75kmに到達します。この間に呼吸数は毎分60回から150回に増え、体が生み出す熱量は5倍に増加します。疾走中に生み出す熱量の約90％が体内に蓄積されるため、体温が危険な水準に達する前までに蓄積できる熱量

チーターは古い蟻塚などの小高い場所に立って、獲物を探したり、危険な大型の肉食動物がいないか確認したりする。
休んでいるときも危険に対する警戒をゆるめず、家族で交替で見張りをする。

Puma Lineage・Cheetah

によって疾走する時間が決まるようです。主に日中に狩りをするチーターにとって、追跡中の熱量蓄積は狩りの結果を左右します。ある実験では、チーターは体温が40.5℃に達したとき走るのをやめました。

チーターは平原の動物で、アフリカの生息地の大半は草原か木のまばらな林地、または半砂漠です。サハラの砂原や岩山にも数頭のチーターが生き延びていますが、日中は強い太陽熱を避けて岩の間や低木の茂みで過ごします。サハラでは、主に夜と夜明けからまもない比較的涼しい時間帯に狩りをします。また、セレンゲティでは昼前から午後早い時間に狩りをして、ライオンやハイエナとの競争を避けます。ライオンやヒョウ、ハイエナは、すきさえあれば大人のチーターと子供を殺して獲物を盗むので、内気で用心深いチーターは、こうした大きくて攻撃的な肉食動物と争いたくないのです。

チーターは生息地に関係なくどこでも、体重40kg未満のガゼルか、ガゼルに似たアンテロープを主に捕食します。2頭以上で狩りをする場合は、ヌーのようなもっと大きい獲物を襲うこともあります。狩りは茂みを最大限に利用して、こっそりとできるだけ獲物に近づきます。頭を肩の高さまで下げ、ややうずくまった姿勢でゆっくりと前に進んでは一旦動きを止めて様子をうかがう、という動作を繰り返しながら、短距離で追いつけるくら

チーターはすらりと痩せて胸の厚いスプリンターらしい体型をしている。頭は小さめで、犬歯も小さいため、かみつく力は他の大型ネコ科ほど強くない。獲物ののどにかみついて窒息死させる。

アジアチーター：アジアのチーターはイランにだけ生き残っている

　チーターはかつてアジア全域に暮らしていましたが、今やアジアではイランの中央部と東部の、寒くて乾燥した険しい山岳地帯に70〜100頭程度が生き残っているにすぎません。最近の研究によって、アジアチーターはアフリカチーターとは遺伝子的にかなりの違いがあることがわかり、7万〜3万年前にアフリカチーターから枝分かれした可能性があるとされています。それが事実であれば、アジアチーターは、これまで考えられていたよりもずっと古い動物ということになります。

いまで近くに寄るのです。追跡を始める前に狙いを1頭の獲物に定め、追跡の途中で標的を変えることはめったにありません。

　追いついたら、獲物のやや後ろか横を走り、大きな鉤(かぎ)のような狼爪(ろうそう)で獲物の足か尻のあたりを引っかけて転ばせます。そして、倒れた獲物ののどにかみつき、そのまま5分以上組み伏せて窒息死させるというのが殺しのテクニックです。獲物はたいてい近くの日陰へ運び、息を切らしたチーターはそのそばでしばらく休憩します。その場にチーターが2頭以上いる場合、狩りに参加していないチーターはすぐに食事を始め、獲物をしとめたチーター

キングチーター：別の種か、模様の突然変異体か

キングチーターはかつて別の種とされることもありましたが、実際は、体毛の模様に突然変異が生じただけの普通のチーターです。キングチーターの毛色の模様は単一劣性遺伝子に支配されていて、両方の親がその遺伝子を持っていれば、4分の1程度の確率でキングの体毛を持つ子供が生まれます。

1926年にローデシア南部の農民が普通の斑点ではなく縞と斑点の入ったチーターの毛皮を買うまで、科学者はキングチーターの存在を知りませんでした。今日、遺伝学者は、キングチーターの体毛の模様が「タビー（縞模様）」の遺伝子の突然変異によって現れると考えています。野生のキングチーターはジンバブエ、ボツワナ、トランスヴァールでのみ発見され、飼育下では1980年までほとんど確認されていませんでした。現在では、世界各地の動物園と捕獲繁殖センターに数十頭のキングチーターがいます。

ネコ科保全のために働くイヌ：
捕食動物から家畜を守る牧畜犬

　最近アフリカのナミビアで、チーター保全プログラムは大きな成果を上げており、家畜を守る牧畜犬が不可欠な役割となっています。牧畜犬を使うアイデアは、イヌと家畜の強い社会的つながりをもとにしています。子犬の頃から人間とはほとんど接触させずにヒツジやヤギなどの家畜と一緒に育てると、イヌは家畜を同じ群れの仲間とみなすようになり、家畜を捕食動物から守ろうとします。

　1994年、チーター保護基金はナミビアでアナトリアンシェパードの繁殖を始めました。羊を狼から守る牧畜犬として、約6000年前からトルコで使われてきているイヌです。子犬は生後6〜8週間、家畜と一緒にされます。イヌは家畜と仲良くなり、家畜が草を食べるときは一緒に移動するようになります。ヒョウやチーターなど捕食動物が群れに近づくと、シェパードは大きな声で吠え、ネコ科と群れの間に立ちます。牧畜犬が捕食動物と戦い、「自分の」群れを襲おうとするジャッカル、ヒヒ、ヒョウなどを撃退したという報告があります。人間が、家畜を殺された報復に捕食動物を殺すことがなくなるので、家畜を守る牧畜犬がネコ科の保全にも役立っているのです。

　4分の3近くの農民が、牧畜犬を飼ってから家畜の被害が大幅に減ったと報告しており、ナミビアの農民は家畜を守ってくれる牧畜犬の働きぶりに大変満足しています。

大きな心臓、広い鼻腔、柔軟な背骨を持つチーターは地上最速の哺乳類。

ピューマ系統・チーター
Puma Lineage・Cheetah

チーターはスピードと運動性を高めるためにさまざまな適応を遂げている。大きな大腿筋、長い足と尾、長くて柔軟な背中に加えて、車のタイヤのような溝がある足裏の硬い肉球と出しっぱなしの硬い爪は、急な方向転換時に静止摩擦とグリップ力をもたらす。

は呼吸が落ち着くのを待ちます。食べるペースは速いのですが、食べ方は丁寧で几帳面です。グループで食べるときもとても和やかで、うなったりかみついたりすることはめったにありません。農場主の話では、骨がバラバラに砕けずにつながっている骸骨は、チーターに襲われたしるしだといいます。チーターはほっそりした体に似合わず大食いで、1頭で2時間以内に9kg以上の肉を平らげることで知られています。

チーターは1度に産む子供の数が他のネコ科動物より多く、8頭もの子供がいたり、母親が6頭もの子供と歩いている姿が目撃されている。

　チーターの顔と胸には個体固有の斑点があり、科学者は斑点によって個体を見分けます。尾の先のほうにある黒い縞も個体によって違いますが、同じ親から同時に生まれた子供はこの縞がよく似ています。特徴的な目頭から口までの涙の跡のような黒いラインは、サッカー選手の黒いフェイスペイントと同じように太陽のまぶしさを和らげる役割を果たしているのではないかと考えられています。

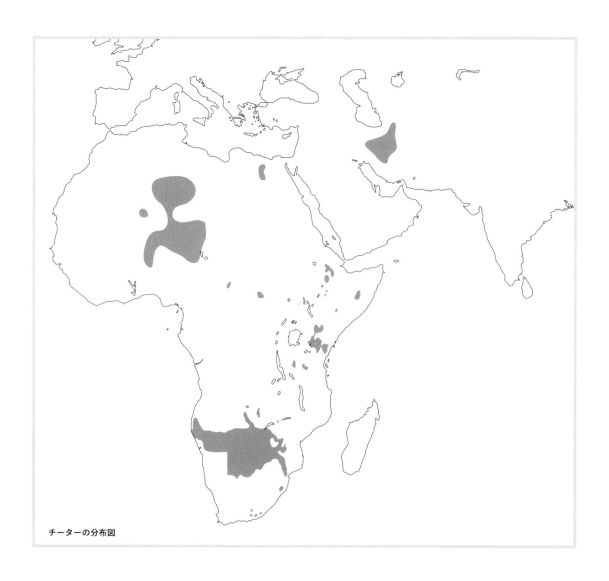

チーターの分布図

　チーターはさまざまな変わった声を出します。短く甲高い鳥のような鳴き声は、子供とはぐれた母親や兄弟姉妹を見失った子供が連絡を取るために使うもので、約2km先まで聞こえます。母親が子供を励ますときやオスがパートナーを見つけるときには、「トゥルル」というような声を出します。食事の後や休んでいるときにはのどをゴロゴロ鳴らします。この音はイエネコに似ており、ただ音は大きくなります。チーターは一度に産む子供の数が他のネコ科動物より多くて5〜6頭というケースも珍しくなく、比較的早く独り立ちし、繁殖します。大型の捕食動物がチーターしかいない場所ではチーターの個体数は増えますが、ライオンやハイエナと共存する場所では、こうした動物によって驚くほどたくさんのチーターの子供が殺されます。セレンゲティでは、チーターの子供のうち大人になるまで生き延びるのはわずか5%にすぎません。

チーターは、野生動物保護活動家にとってとても難しい存在です。というのも、ハンターに狙われない限り、ライオンやハイエナが多くすむ国立公園の中よりも外のほうが、チーターにとっては暮らしやすい場合があるからです。チーター保護基金は野生チーターを救うことを目的に活動しています。このプロジェクトや最新の現地活動に関する情報、募金方法については、http://www.cheetah.org/ をご覧ください。（チーター保護基金日本支部 http://www.ccfjapan.org/index.html）

保全状況	IUCN レッドリスト－絶滅危惧II類（VU）
体　重	21〜65kg
体　長	113〜140cm
尾　長	60〜84 cm
産子数	1〜8頭、通常3〜4頭

ピューマ

英名 = **Puma**　学名 = *Puma concolor*

　ピューマは普通、大型ネコに分類されていますが、いつも、何かちょっと違う感じがありました。生物学者はピューマを「大型ネコの体をした小型ネコ」と呼ぶことがありますが、これは、ヒョウと同じくらい重い体重がありながら、他の大型ネコのようながっしりした頭も筋肉質の前足も持たず、むしろ少しチーターに似ているからです。また、ピューマは他の大型ネコのように吠えることはなく、鳴き声は甲高いホイッスルのようです。ピューマはのどをゴロゴロ鳴らしますが、これも大型ネコにはない習性です。

　2〜3年前に、こうした違和感の説明がつきました。ピューマの遺伝子は大型ネコとはまったく違い、現存する一番近い種はチーターだったのです。チーターとピューマは約350万年前に枝分かれしたことが、分子遺伝学者によって確認されました。このような関係が明らかになってみると、ピューマが他の大型ネコよりもチーターに似ている点が目につくようになりました。2種とも小さくて丸い頭、すらりと痩せた体、そしてやや長めの足を持っています。チーターと同じように、ピューマも内気で気が小さく、戦うよりは逃げたがる性格で、人間と対立することはほとんどありません。ピューマは後ろ足が飛び抜けて長く、背骨が比較的長いため、走っているとき背骨がムチのように上下にしなります。これはチーターと共通する特徴です。ただし、ピューマの狩りは、獲物を追い詰めるよりも待ち伏せするテクニックが多く使われます。

　約1万2000年前、北米では何らかの理由で大量絶滅が起きて、大陸の大型動物の80％が突然姿を消しました。地上性ナマケモノ、ラクダ、カピバラ、マンモスをはじめとする多くの草食動物が消え、これらを獲物にしていたライオン、チーター、サーベルタイガーなども消えました。ピューマも同じ時に北米からいなくなったとみられていますが、南米では生き残り、大絶滅の後に、生き残った少数のピューマは北米に戻りました。DNA分析から、北米のピューマはすべて、少数の個体の子孫であることがわかっています。

最近の遺伝子研究により、ピューマは大型ネコではなく、チーターやジャガランディに近い種であることがわかった。

大陸を横断するピューマ：若いオスが旅の記録を残す

　2011年6月、ピューマ（マウンテンライオンとも呼ばれる）がコネティカット州ミルフォードの高速道路で車にはねられて死亡しました。このピューマは体重約66kgの若いオスで、コネティカット州で百年ぶりに発見された野生のピューマとしてニュースになりました。ところが数週間後に、さらに驚くべきニュースが発表されました。このピューマに信じられないようなバックグラウンドがあったのです。

　科学者によると、このピューマのDNAは、2009年と2010年にミネソタ州とウィスコンシン州をさまよっていたピューマが残した体毛と糞のDNAと一致しました。さらに調査したところ、コネティカット州で死亡したピューマは、サウスダコタ州の個体群の中で生まれたこともわかりました。つまり、2～3年の間に米国大陸部の半分以上を横断したことになり、これは陸上哺乳類の移動距離としては最長クラスです。長い旅の途中で何本もの高速道路を横切り危険な目にも遭ったはずです。それに比べると、更新世の移動は楽なものに思えてくるほどです。

カナダでは、ヘラジカ、アメリカアカシカ、シカがピューマの食物の半分以上を占めているが熱帯ではアルマジロやその他の小型動物を主食にしている。

帰巣本能：移住させられても元の場所に戻る習性

　イエネコを飼っていると、野生ネコの習性についてもたくさんのことがわかります。私たちは、新しい家に引っ越してから6週間、ネコを家の中で飼いました。そして、初めて庭に出した日、ネコは姿を消しました。2週間後、ネコは見つかりました。9.6km歩いて前の家に戻っていたのです。

　問題のある野生のネコ科動物をどうするかという議論になると、安易に、別の場所に移住させる案が出てきます。ピューマやジャガーが問題を起こすと、いつも「どこかに移せないのか」というのです。しかし、そんなことをしても解決にはなりません。野生のネコ科動物は、イエネコと同じくらい帰巣本能が強いからです。

　ピューマをニューメキシコ州に500km近く移動させた有名な研究では、2頭のオスのピューマが元の生息地に戻ったことが、発信電波の追跡によってわかりました。1頭は469日かけて465kmの道のりを、もう1頭は166日かけて490kmの道のりを戻った後、翌年に3頭の子供の父親になりました。

1800年後半から1900年代前半にかけて、ピューマは害獣と見なされ、
元の生息地の3分の2の地域（米国東部の大部分の地域を含む）から組織的に排除された。
1970年代に野生生物保護機関がピューマを猟獣として管理するようになると、ピューマの数は米国全土で回復し、
ネコ科は過去の生息地の多くに戻ってきている。

黒いピューマ：多くの人々が見たと主張するが、実在するのか

　北米では、「ブラックパンサー」として知られる黒いピューマの目撃談が、文字通り数千件ありますが、すべて未確認情報です。撃ったと主張する人さえいるのに、採集された毛皮も博物館に展示された標本も存在しません。ハンターに撃たれたり道路で車にはねられたりするピューマはいても、黒いピューマの写真を撮った人や標本を作った人はまだいないのです。

　それでもなお、ニュースに取り上げられる黒いピューマの目撃談は年を追ってますます増えています。フロリダ州にピューマは160頭程度しかいませんが、目撃件数が最も多いネコ科動物は黒いピューマです。生物学者は、フロリダには黒いピューマはいないと主張しています。フロリダ州にすんでいるピューマの大半は、生まれたときから発信機付きの首輪をつけて写真撮影や追跡を行っているので、間違いないと断言しています。

　ピューマが生息するすべての州の野生生物保護局も、目撃談は大きな飼いネコを見間違えたか、目撃者が興奮していたか、照明が暗かったせいではないかとして、黒いピューマの存在を疑問視する立場を変えていません。しかし、一般の人々の多くは、それほどたくさんの人が間違えるはずはないと考え、黒いピューマの存在を今も信じています。

　適応力のあるピューマは、生き残った比較的小さな獲物を食べて、何とか生き延びました。この適応力は、今日ピューマが個体数を増やしている大きな理由でもあります。ピューマは現在、南米の端から北はアラスカ南東部までの広い地域で見られます。砂漠や山地、熱帯林にすみ、野ネズミからヘラジカまでさまざまな大きさの獲物を食べています。カナダのアルバータ州やブリティッシュコロンビア州の雪の中では、自分の体重の3～10倍もあるヘラジカとアメリカアカシカを襲い、夏のモンタナ州では体重450gのジリスを1日中追いかけて過ごすことがよくあります。北米の大部分の地域では、ピューマの食物の半分以上を占めるのはシカです。南米では、ノウサギ、アルマジロ、ペッカリー、カピバラ、グアナコを捕食します。

　ピューマが襲う獲物は個体によってかなり違いがあります。ネバダ州に野生化した馬を殺すピューマがいるほか、メキシコではメスのピューマ1頭が9カ月間に72頭の馬、ラバ、子馬を殺しています。ピューマは、他のネコ科もそうなのですが、食べきれないほど大量の獲物を殺すことがあります。特に家畜のヒツジはその対象になりやすく、一晩に192頭が殺されたという例もあります。このような例では、ピューマがおびえたたくさんの家畜と一緒に小屋に閉じ込められて、大混乱のなかでヒツジを大量に殺してしまうようです。

　ピューマは獲物が襲いやすい状態にあればほとんど手当たり次第に殺しますが、シカ、アメリカアカシカ、馬など、相手が大きいとピューマ自身が危険な目に遭うこともあります。首を折られたり頭蓋骨を砕かれたりして、枝に突き刺された状態で死んでいたピューマが発見されていますが、どれも獲物を殺そうとして逆に殺されたものです。ある調査によると、人間以外の原因によるピューマの死亡の4分の1は、獲物を捕らえようとしている最中に起きています。

フロリダピューマ：車との衝突が生き残りを脅かす

　フロリダ州のエバーグレーズ国立公園。腹まである深さの水をざぶざぶと進み、人が近づきにくい湿地で少数のピューマがひっそりと暮らしています。シカやイノシシ、アライグマを食べて、何とか生き延びています。このピューマの南方亜種は「フロリダピューマ」として知られ、あるハンターが1973年にたまたま1頭を追い込むまで、絶滅したと思われていました。その後の調査により、フロリダ半島南端の沼地と湿地帯に35頭ほどが潜んでいることが確認されました。

　今日では、およそ100～160頭のフロリダピューマが、フロリダ州南部の湿地、ハンモック（湿地帯に点在する小さな島のような広葉樹林）、松林にすんでいます。オスのピューマは約518km²、メスは約194km²の行動圏を必要とします。人口の多いフロリダ州では、行動圏内を動き回るフロリダピューマに、命にかかわるような事故が起きています。州内の交通量の多い高速道路を横切ろうとして車と衝突し、死んでしまうピューマが多いのです。車との衝突がフロリダピューマの死因の40％を占めるという数字も出ています。

　このような事情もあって、フロリダ州は他に先駆けて野生動物用の地下道の開発と利用に乗り出しました。フロリダ南部を東西に走る「アリゲーターアレイ」と呼ばれる幹線道路の4車線化にあわせて、道路のうち64kmを完全にフェンスで囲い、36本の地下道を作ったのです。道路を横切ろうとする野生動物は、道路の両側に設置された高さ約2.8mの金網のフェンスによって地下道に誘導されます。この地下道はピューマの事故死を減らすのに大変効果的でした。他の道路ではネコ科動物の事故が続いていますが、地下道が作られた部分の道路では、その後ピューマの死亡事故は起きていません。

　それでも、大人のピューマは何とかして8～9日ごとにシカ1頭相当の獲物を殺さないと生きていけません。養わなくてはいけない子供がいる場合、特に大きな子供がいるメスは、もっと狩りをして、通常の2倍の数の獲物を殺す必要があります。動物園では、ピューマは体の大きさに合わせて1日2～5kgの生肉を与えられます。獲物を食べ残し、また後で戻ってきたいとき、ピューマは残った部分を木の葉や石、草、雪などで覆い隠します。おそらく腐肉食動物に横取りされないようにするための習性ですが、この習性を材料にした、まことしやかな作り話や狩りに関する疑わしい話がいくつも伝えられています。よく目にするのは、ハンターが林で毛布にくるまって夜を明かしたところ、翌朝山のような木の葉に埋もれていた、という話。ほとんどの話が、メスと子供が一緒に戻ってきたところで目が覚め、襲われる前に何とかメスを射殺した、という結末で終わっています。

　ピューマは吠えませんが、鳥のさえずりのように甲高い声や、耳をつんざくようなホイッスルに似た声で連絡を取り合います。メスは遠くまで聞こえる、「女性ヴァンパイアの叫びに似た」「この世のものとは思えない」声も出します。「ギャーギャー声」ともいわれるこの叫びは、交尾期のイエネコの鳴き声を大音量にしたようなもので、400～500m先まで届き、オスに交尾の用意ができていることを知らせるためのものと考えられています。

　ピューマは、求愛や交尾の時期を除いて、単独で生活しできるだけ互いを避けます。たびたびけんかをして命にかかわるような結果を引き起こしていることを考えると、当然のことかもしれません。オスのピューマは、他のオスやメス、それに子供も殺します。実際、ピュー

ピューマと人間：増える人間への襲撃；犠牲者にならないために

最近、ピューマがベランダに立っていた、ガラス戸から中をのぞいていた、裏庭でシカを殺した、といった人目を引くニュースが相次ぎ、人々の不安が強まりました。米国とカナダでは、最初の記録が残っている1890年から2011年までに、人間がピューマに襲われた例が158件ほど確認され、そのうち22件は被害者が死亡しています。襲われたのは主にカリフォルニア州、ブリティッシュコロンビア州、コロラド州で、この20年間の死者は12人と、それまでの100年間の10人を上回っています。

ピューマは普通、人間に出くわすのを避けますが、ピューマの生息地に移りすむ人々が増えるにつれて、出くわす機会が増えています。ピューマも人間も、場所を必要としているのは同じです。アメリカでは、手つかずの自然が残る地域に再びすみつくピューマが増える一方で、その地域に家を建て、ピューマにとって理想的な生息地——いたるところに狩りに向いた茂みがあり、オジロジカやアメリカアカシカが暮らしているような場所——にすむ人々も増えています。自然公園や私有地でのレジャーが盛んになり、未開地でのウォーキングやジョギング、ハイキングが人気を集めていることも、人間と野生のネコ科動物が出くわす機会を増やしている理由の1つです。

人間がピューマに殺されたりケガをさせられたりする可能性は低いのですが、ピューマがすむ場所でハイキングする場合は、いくつか心得ておくべきことがあります。一番大切なことは、絶対に1人でハイキングしないこと、そして子供と一緒に歩くときは必ず並んで歩くことです。子供と1人のハイカーは、襲われる可能性がかなり高いとされています。もしピューマに出くわしたら、次の注意を守ってください。

- 走らない——走るとピューマの追跡本能を刺激する。
- しゃがんだり前かがみになったりしない——すぐに子供を抱き上げる。
- できるだけ体を大きく見せる——両腕を広げたり、上着を広げたり、棒を投げたり、大きな声で話したりする。
- 襲われたら反撃する——岩、棒、バックパックなど手元にあるものは何でも使う。

マ同士のけんかはどの年齢でも主な死因となっていて、子殺しと殺し合いを合わせると、子供ピューマの最大の死因です。中でも特に攻撃的なオスは、体の大きさがメスの1.7倍にもなるため、けんかの相手に重傷を負わせたり死なせたりすることは珍しくありません。なぜピューマがそれほどけんかをするのかはまだ完全にはわかっていませんが、おそらく、オスは縄張りと交尾の権利を争っているのでしょう。とはいえ、生殖能力のあるメスやつがいになれそうな相手まで殺してしまうのはやはり不可解です。

若いメスは、できるだけ母親のそばで暮らそうとします。狩猟の対象にならない場所では、血縁関係のあるメスが集団を作り、母親と娘や姉妹の行動圏は重なったり隣り合ったりします。血縁関係のあるメスの集団（母系集団）内では、子供の生存率は高くなります。

若いオスは、たびたび大人のオスの攻撃対象になります。メスをめぐる競争相手になる可能性があるためです。この対立を避けるため、若いオスは生まれた地域を離れて広い範囲を移動し、他のオスがすんでいない場所を探します。長距離の移動速度は驚くほど速く、2日間で48km近く移動したオスもいました。自分の縄張りといえる場所を見つけるまでには時間がかかり、何カ月もかけて数百kmを移動しなければならないこともあります。数頭のオスが、生まれた場所から160km以上離れた場所で見つかっています。長距離の移動は、

ピューマの分布図

ハイキングやジョギングをする人にピューマがいることを警告する標識をカリフォルニアの自然公園やハイキングコースでは、よく見かける。

生息地の拡大によってずいぶん前に排除された場所にもう一度すみつく場合にも必要です。高速道路や人間が支配している場所をピューマが静かに歩き回っているという事実は、1万年前に北米に再侵入したピューマの過去を思い起こさせるとともに、並外れた適応力の高さの証明にもなっています。

保全状況　IUCNレッドリスト−軽度懸念（LC）
体　　重　30〜80kg
体　　長　100〜150cm
尾　　長　60〜90 cm
産子数　1〜5頭

ジャガランディ

英名 = **Jaguarundi**　学名 = *Puma yagouaroundi*

　ジャガランディは謎めいた動物です。南米にすむ他のどの小型ネコにも似つかない外見で、ややピューマに近い習性を持つジャガランディは、長い間、単独で1つの属とされてきました。ところが、最近の遺伝子研究によって、チーターやピューマに近い種であることが明らかになりました。分子DNA研究によると、ジャガランディ、ピューマ、チーターの3種はピューマ系統に分類され、化石の分析から、いずれも北米に起源があると考えられています。3種は小さい頭、ほっそりと長い体型、長い尾という身体上の特徴が似ているほか、ネコ科には珍しいホイッスルのような声や鳥のさえずりのような甲高い声でコミュニケーションを取ることも共通しています。

　ネコ科内でのジャガランディの位置づけをめぐる混乱の一因は、その外見にありました。というのも、ジャガランディはそもそもネコ科には見えないのです。細長くて低い体高はむしろテンを思わせますが、イタチやカワウソに似ていると言う人もいます。ピューマと同じように、ジャガランディも体毛に模様がありません。体色は鉄灰色と赤茶色の二色相があり、同じ親から同時に両方の色の子供が生まれてくることもあります。生まれたときは斑点がありますが、成長するにつれて消えていきます。

　ジャガランディは他のネコ科よりも広々とした場所で狩りをし、森林の縁と空き地で茂みが入り混じっている場所でよく見られます。狩りは昼間、地上で行いますが、木登りも軽々とこなし、枝に沿って移動するのが得意です。地上から2mの高さまで跳び上がって鳥を叩き落したり、後ろ足と尾を三脚にしたカンガルーのような姿勢で茂みの中の物音を探ったりすることもあります。獲物は主にげっ歯類、鳥類、爬虫類ですが、ウサギ、オポッサム、アルマジロのような大きめの動物も捕食します。

ジャガランディは、見かけも習性も南米にすむ他のネコ科動物とまったく違う。
最近のDNA研究によって、この変わったネコ科動物はピューマやチーターと近い種であることがわかった。

小型ネコ科動物の中で体毛に模様がないのはジャガランディだけである。体色には鉄灰色と赤茶色の二色相があり、以前は別の種と考えられていたが、同じ親から同時にこの2色の子供が生まれることがある。

　ジャガランディは、中南米ではありふれた種ですが、生態と習性はいまだにあまりわかっていません。米国ではフロリダ州などで目撃談があるものの、存在が確認されたのは、1986年にテキサス州の道路事故で死んだ個体が最後です。

保全状況	IUCN レッドリスト－軽度懸念（LC）
体　　重	3～7kg
体　　長	53～76cm
尾　　長	31～52 cm
産子数	1～4頭、通常2頭

ピューマ系統・ジャガランディ
Puma Lineage・Jaguarundi

ジャガランディの分布図

ゴロゴロのどを鳴らす：異なるいろいろな場面でのどを鳴らす

　ネコ科動物はみな、ライオン、ヒョウ、ジャガー、トラ、ユキヒョウ、ウンピョウを除いて、のどをゴロゴロ鳴らします。うれしいときや満足したときにゴロゴロいうことに異論はなさそうですが、その働きについては科学者の間で意見が分かれています。意外なことに、リラックスして楽しいときだけではなく、ケガや病気をしたときにもゴロゴロいうのです。獣医の報告によると、痛みがあるときや強いストレスを感じているときに、ゴロゴロのどを鳴らすそうです。

　「ゴロゴロ」は、息を吸うときと吐くときに出す、つぶやき続けているような音です。この音は、母親ネコが子供の世話をしているときや、人間に体をすり寄せているときなど、至近距離のコミュニケーションでも使われます。この場合、のどをゴロゴロ鳴らすときの体の振動と、のどを鳴らす側とそれを聞く側の体の接触がとても重要です。

ライガーとタイゴン：ライオンとトラの交配による産物

　ライガー（liger）は、オスのライオンとメスのトラの交配によって生まれた動物です。両方の親の体の特徴を受け継ぎ、体毛には普通、斑点と縞模様が入っています。ライオンやトラより大きくなることが多く、体重は360〜450kgにも達します。たいていの場合、オスのライガーに生殖能力はありませんが、メスは子供をたくさん産むことがあります。現在、数頭のライガーが飼育されていて、それらは"偶然の"交配の結果であるといわれています。有名な動物園はこのような異種交配を奨励していませんが、無節操な野生動物公園はドル箱になるからとライガーを展示して見物料や写真撮影料を取ります。

　タイゴン（tigon）はオスのトラとメスのライオンの交配によって生まれた動物で、体毛に縞模様か斑点が入ることがあります。ライガーと違って親より大きくなることはなく、数もライガーより少なくて、飼育されているものはほとんど見かけません。

ベンガルヤマネコ系統

Leopard Cat Lineage

マヌルネコ

英名 = **Pallas's Cat**　学名 = *Otocolobus manul*

　マヌルネコはずんぐりして足の短い小型のネコで、長いむくむくした体毛と太くてふさふさした尾を持っています。横広がりの頭と狭い額、平たい顔が特徴で、見た目はイヌのパグかペキニーズのようです。厚い体毛とずんぐりした体型は、標高の高い草原やモンゴルのステップ（大草原）の岩石が露出した場所で狩りをするときの体温保持に役立ちます。チベットやモンゴルの冬は厳しく、気温は家庭用冷蔵庫より低いマイナス50℃にまで下がることがあります。

　木のない寒々としたモンゴルのステップには茂みなどがほとんどなく、マヌルネコは足が遅いため、何もない場所で身を隠すすべを備えています。小さな丸い耳が低い位置についていて、耳の先が目尻と同じ高さにあることは、目立たないためには好都合です。危険を感じると、頭を下げて地面に平らにうずくまり、動きを止めます。色の薄いふさふさした毛のおかげもあって、丈の低い草や岩の背景に溶け込み、ほとんど姿が見えなくなります。

　マヌルネコは、アジア中央部の標高の高いステップや半砂漠にすんでいます。天山山脈、ゴビアルタイ山脈、パミール山脈では標高3000〜4000mで見られ、その中でも目撃例が多いのは標高が比較的低い場所です。インドのラダック地方では、樹木が育たない標高3600〜4800mの荒地や岩だらけの谷、丘陵で見られます。

　マヌルネコの典型的な生息地は、雨が少なく、湿度が低く、気温の変動幅が大きい場所です。夏の気温は38℃に達することもありますが、冬の気温はアジア中央部ではマイナス50℃くらいが普通で、積雪は少なく、むらがあります。マヌルネコは深く柔らかい雪の上を歩くのが苦手なため、雪が10cm以上積もる場所ではめったに見られません。

ずんぐりして足の短いマヌルネコは、パグやペキニーズに似ている。

マヌルネコはアジア中央部の
岩が露出した半砂漠にすんでいる。
昼間は洞窟や岩の割れ目、
使われていないマーモットの巣などで過ごし
夕方になると狩りに出かける。

走るのが苦手なマヌルネコは、身を隠しながら獲物に忍び寄る。
低い位置についた耳は、広々とした場所で目立たずに狩りをするための適応である。

　狩りは、獲物に忍び寄って襲うスタイルです。走るのが速くないので、飛びかかる前にすぐそばまで近づいておかなくてはなりません。まばらな茂みに身を隠して近づき、主に視覚で狩りをします。低い位置についた耳と平らな額は、広々とした場所で狩りをするときに、岩や低木越しに様子をうかがっていても頭があまり目立たないようにするための適応です。マヌルネコは小型げっ歯類、昆虫類、鳥類、腐肉など、さまざまな食物を食べます。ナキウサギも、たくさん生息している場所ではマヌルネコの好物になり、食物の半分以上を占めます。好んで捕食するのは、アレチネズミやトビネズミよりも大きい体重125g程度のげっ歯類です。
　厳しい気候での暮らしから当然予想されるように、マヌルネコは繁殖の季節が限られていて、ほとんどの子供は4月と5月に生まれます。ネコ科では一度に生まれる子供の数が2〜3頭の種が多いのですが、マヌルネコは平均で2〜4頭、多ければ5〜6頭も珍しくなく、8頭という記録もあります。季節によって獲物の数が大きく増減する環境にすんでいるネコ科動物は、このように一度にたくさんの子供が生まれることが少なくありません。カナダオオヤマネコやヨーロッパヤマネコも、獲物がたっぷりいる時期には8頭もの子供を産みます。

ベンガルヤマネコ系統・マヌルネコ
Leopard Cat Lineage・Pallas's Cat

マヌルネコの分布図

　マヌルネコは自分で巣を掘りませんが、洞窟や岩の割れ目、使われていないマーモットの巣などに隠れて暮らします。何もない広い場所では、ワシ、オオカミ、キツネ、牧羊犬などの捕食動物に襲われやすいからです。いつも大型の捕食動物から逃れ続けなければならないせいか、飼育状態では扱いにくい種とされています。動物園のマヌルネコは粗暴な態度で有名です。シンシナティ動物園のビル・スワンソンは、同じ親から生まれたばかりのマヌルネコの子供たちのことを覚えています。飼育係が、子供たちは呼吸に問題を抱えているのではないかと心配して耳をすましたところ、聞こえていた音は、子供たちが目も開かないうちから互いにうなったり威嚇(いかく)したりしている声だったといいます。

　マヌルネコは個体密度（一定面積当たりの個体数）が極端に低いため、乱獲によって絶滅の危険が高まりやすい動物です。毛皮や伝統薬の原料としての利用——例えば、遊牧民はマヌルネコの脂をしもやけの薬として使っている——を目的とした狩猟が法律で認められているほか、国が実施しているナキウサギの個体数抑制プログラムや家畜の過放牧もマヌルネコの生き残りを危うくしています。

ウサギ類の近縁種で大型ネズミくらいの大きさのナキウサギは草食動物。1年に2回以上、多くて一度に10頭の子供を産み、アジアの高地草原にある生息地の多くでキーストーン種（個体数が少なくても生態系に大きな影響を及ぼす種。中枢種とも）と見なされている。

保全状況	IUCNレッドリストー準絶滅危惧（NT）
体　　重	2.5～4.5kg
体　　長	46～65cm
尾　　長	20～31cm
産子数	1～6頭、通常3～4頭

スナドリネコ

英名 = **Fishing Cat**　学名 = *Prionailurus viverrinus*

　魚を捕食するネコ科動物は何種かいますが、その習性と食性にちなんで名づけられたのはスナドリネコ（漁りネコ, fishing cat）だけです。スナドリネコとベンガルヤマネコは近縁種で、体毛によく似た斑点があること、頭蓋骨が前後に細長いこと、丸くて小さい耳の背面が黒色でよく目立つ白い斑があることが共通しています。しかし、似ているのはそこまでで、がっちりしてたくましいスナドリネコとほっそりして機敏なベンガルヤマネコは、見た目の印象が重量挙げの選手とバレエダンサーほど違います。

　小型ネコの一般的なイメージ——しなやかで身のこなしが軽く、優美——に反して、スナドリネコはパワーと力強さにあふれています。体のサイズは大きなイエネコの倍ほどですが、厚い胸と短めの足によって、実際よりもかなり大きく見えます。前足の指の一部には水かきがあり、爪は完全に引っ込めた状態でもさやからのぞいています。尾の長さは体長の約3分の1と短く、根元はとても太くてしっかりしています。

　スナドリネコは沼地、湿地、三日月湖、葦原、マングローブ、干潟の水路などにすみ、水の中で快適に過ごし、潜ったままでも長距離を泳ぐことができます。がっちりした体型と泳ぎのうまさから想像がつくように、主に水中や水辺にすむさまざまな獲物を捕食します。川沿いの砂州や岩の上からかがみ込んで魚を前足ですくい上げたり、水中に潜ってカモやオオバンを捕まえたりする姿が目撃されることがあります。インドの大学院生のS・ムックージーは、小さい水路に沿って狩りをするスナドリネコを観察しました。飛びかかって捕まえたカエルを食べ終えたスナドリネコは、次の場所に移動してあたりの様子を一心にうかがっていたかと思うと、すぐまた水に飛び込んで水中に頭を突っ込み、何かをつかんで岸に駆け上がったといいます。

　動物園にいるスナドリネコの子供は、早いうちから水に親しみます。生後4週間で水の入ったボウルの中で遊び始め、3カ月になる頃には格闘ごっこやレスリング、魚を捕まえる真似ごとをしながら、長い時間を水の中で過ごすようになります。スナドリネコは、魚を前足でひっかけて獲ることもあれば、水深が深いところでは頭を水に突っ込んで歯で捕らえるこ

スナドリネコは湿地にすんでいるが、東南アジア全域で分布は特定地域に限定されているようで詳しい状況はまだわかっていない。

スナドリネコは足の指の一部に水かきがあり尾は太くしっかりしていて、頭蓋骨は幅が狭く前後に長い。これはすべて泳いで魚を捕まえるための適応である。

スナドリネコの母親と3カ月の子供。

ともあります。動物園でスナドリネコを見かけることはあまりありませんが、飼育している動物園は、池と魚さえ用意すれば見事な魚狩りの腕前を披露してくれると報告しています。スナドリネコ同士は一緒にされるのをまったく嫌がらないので、同じ囲いで大人を数頭を飼うことができます。

　スナドリネコはベンガルヤマネコ系統に属し、最近のDNA研究によると、スナドリネコ、ベンガルヤマネコ、そして同じく魚獲りの名手であるマレーヤマネコが、更新世後期のアジアに現れた近縁種のグループを形成しています。当時は海面の水位が低く、東南アジアの島々は陸続きでした。不思議なことに、マレーヤマネコはボルネオ島、マレー半島、スマトラ島だけで見られるのですが、これらの場所にスナドリネコはすんでいないと考えられています。「魚を獲るネコ」のニッチ（生態的地位）は、特殊なネコ2種が共存できるほど広くないのかもしれません。

　スナドリネコは東南アジアに点在する生息に適した場所で見られます。分布は大きく分断されていて、この20年のうちに個体数は大幅に減少しているとみられています。東南アジアの多くの地域で行われたカメラトラップ法による調査では、ベンガルヤマネコやアジア

スナドリネコは頭を水中に突っ込んで獲物を探す珍しい習性がある。頭から水に飛び込み、口で魚を捕まえるところも目撃されている。

ゴールデンキャットのほか、めったに人前に現れないマーブルドキャットもたびたび撮影されていますが、スナドリネコの写真はほとんどありません。このことから、スナドリネコがどのくらい希少になっているかが明らかになりました。

　湿地帯の破壊、マングローブの除去、人間の居住やエビの養殖のための湿地開発は、スナドリネコの生き残りにとって深刻な脅威となっています。スナドリネコは今でも毛皮目的でわな猟にかけられ、比較的高い値段で取引されています。体が大きいことや、斑点のある毛皮に人気があること、農地に転用されやすい湿地や草原にすんでいることなどを考えると、スナドリネコが将来さらに減少することはほぼ確実です。ネコ科の専門家グループはスナドリネコを IUCN レッドリストの絶滅危惧Ⅱ類から絶滅危惧 IB 類に引き上げることを提言し、2008 年にスナドリネコはネコ科では数少ない絶滅危惧 IB 類に正式に指定されました。国際取引は規制されるようになり、現在はワシントン条約 (CITES) の附属書Ⅱに記載されて、国内取引だけが認められています。

ベンガルヤマネコ系統・スナドリネコ
Leopard Cat Lineage・Fishing Cat

水中でリラックスするスナドリネコ。水に潜ったまま長い距離を泳ぐこともできる。

スナドリネコの分布図

保全状況　IUCNレッドリスト-絶滅危惧IB類（EN）
体　　重　5〜16kg
体　　長　65〜85cm
尾　　長　24〜30cm
産 子 数　2〜3頭

ベンガルヤマネコ

英名 = **Leopard Cat**　学名 = *Prionailurus bengalensis*

　小さくてきゃしゃな体つきと長い足が特徴のベンガルヤマネコは、アジアでよく見られる小型ネコです。赤道直下の熱帯林から、北は冬の気温が氷点下になるアムール地方までの、広い地域に生息する唯一のヤマネコでもあります。この広い分布の北と南で、ベンガルヤマネコの体の大きさには14倍もの差があります。マレーシアでは体重は軽いもので0.5kgほどしかありませんが、ロシア極東部では7kgにもなります。

　ベンガルヤマネコはスナドリネコとマレーヤマネコの近縁種で、興味深いことに、小型ネコの中ではこの3種だけが水を好みます。3種はみな足の指の間にはっきりした水かきがあり、この水かきでもがく獲物を押さえつけるので、獲物を落としてもう一度捕まえようとするなんてことはありません。この習性は、げっ歯類と違って一度逃してしまうともう一度捕まえるのが難しい魚を捕食するネコならではのものです。

　ベンガルヤマネコは泳ぎの名手で、水中でくつろいで過ごします。他のネコ科動物より島で見られることが多いのは、おそらくそのためでしょう。実際、科学者の説明がついた初のベンガルヤマネコの標本は、ベンガル湾に停泊中の船に泳ぎついたところを捕らえられたものです。私たちも、スマトラ島の小川のほとりで腹まで水につかって遊んでいた若いベンガルヤマネコを観察しました。そのベンガルヤマネコは、最後は自信に満ちた様子で深い急流に飛び込み、泳いで向こう岸に渡りました。飼育されているベンガルヤマネコの子供は、水の中で長い時間遊びます。ボルネオ島では、ペットとして飼われている2頭のオスの子供が、生後たった2カ月で小さな池で遊び始めました。飼い主は、「水草を取ろうとしたり、ふざけ合ったりしているうちに、転んで全身びしょ濡れになっていました。たびたび池の端から端まで泳いでいましたよ」と話しています。

　ベンガルヤマネコは湿地だけにすんでいるわけではありません。東南アジアでは、潮の満ち引きがある林、常緑の熱帯雨林、乾燥針葉樹林、ゴムとパーム油のプランテーション、

熱帯では野ネズミがベンガルヤマネコの食物の大部分を占めている。北方にすむベンガルヤマネコは体が大きく、時にはノロジカの子供を襲う。

ベンガルヤマネコは小型ネコで唯一、赤道直下の熱帯雨林から北は寒くて雪の多いロシア極東部まで、広い地域に生息している。
分布の北端と南端では、別の種に見えるほど外見が違う。赤道直下のベンガルヤマネコは体毛の色が濃く、体重は約0.9kgしかないがロシア極東部では体毛は薄いシルバーグレーで、体重は7kgにもなる。

ネコの水の飲み方：イヌのように舌ですくわず、舌先で水を引っ張り上げて口に入れる

イヌはカップのように丸めた舌で水をすくって飲みますが、高速度撮影によって、ネコはイヌとは違う飲み方をしていることがわかりました。ネコは舌の先だけを使って、水を引っ張り上げるようにして口に入れているのです。まず、舌の先を裏側に巻いてJ字形にし、舌先の表面で水の表面に軽く触れます。次に舌を素早く上に持ち上げ、一緒に上がる水柱を飲み込みます。イエネコは1秒間に4回この動作を繰り返しますが、速すぎて人間の目でははっきり見えません。

村の周辺などでも見られます。ロシア極東部では、主に川の近くや渓谷、木に覆われた谷、沿岸地域にすんでいます。ベンガルヤマネコの足は小さくて幅が狭く、深い雪の中を移動するのは難しいので、ロシアでは雪の少ない地方でしか見られません。

　日本の西表島にすむベンガルヤマネコの小さな個体群は、かつては独立した種と見なされていましたが、分子遺伝学的研究によって、島に隔離されたベンガルヤマネコの個体群であることがわかりました。このイリオモテヤマネコの個体群は、中国北部か朝鮮半島のベンガルヤマネコから確立されたものです。ベンガルヤマネコは対馬列島でも見ることができます。

　ベンガルヤマネコは、広い範囲に分布しているだけに食性もさまざまですが、食物の大部分を占めているのは野ネズミです。ツパイやジリス、コウモリ、時にはノウサギやマメジカのようなやや大きな獲物も襲います。ロシア極東部のベンガルヤマネコはもっと体が大きく、水鳥、魚、キジ、ノロジカの子供なども食べます。

　ベンガルヤマネコは軽々と木に登ることができ、木の上で長い時間を過ごすこともあります。パーム油のプランテーションでは、地上3〜4mでもすっかり慣れた様子で、ヤシの葉の間を軽々と動き回りながら大型の野ネズミを狩ります。私たちは、マレーシアのサバ州でベンガルヤマネコの狩りを見ることができました。背の低いヤシの木の葉の根元近くにいたベンガルヤマネコは、地面を覆う蔓性植物の中を動くネズミを見つけ、大きくジャンプしてネズミに襲いかかりますが、ネズミはその前に絡み合った蔓の下に消えていました。植物の下を数秒ほど引っかき回した後、ベンガルヤマネコはネズミを口にくわえて頭を上げ、一息つく暇もなく食べ始めます。そして20秒後、食事を終えたベンガルヤマネコは、次の獲物を探すために、また地上を覆う蔓の下に頭を突っ込みました。

　1970年代、ベンガルヤマネコは、イエネコ愛好家向けのハイブリッド「ベンガルキャット」の交配に使われました。その狙いは、ベンガルヤマネコの斑点入りの美しい体毛を持つ、

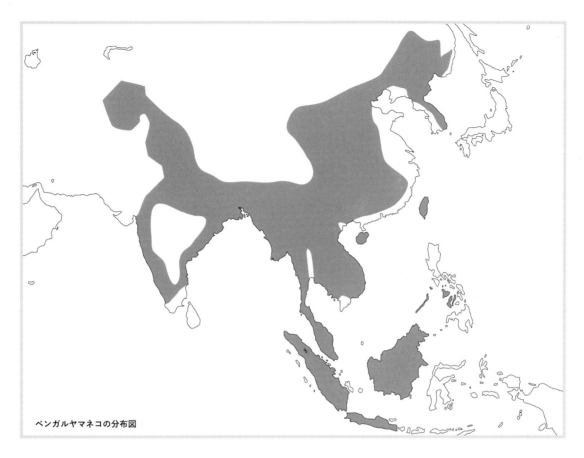

ベンガルヤマネコの分布図

優しくておとなしい飼いネコを作り出すことでした。ベンガルキャットは人気を集め、国際猫協会には6万頭以上が登録されています。しかし、残念なことに、他のハイブリッドのネコと同じくベンガルキャットにも重大な問題がありました。大人になると、かむ、引っかく、けんかをする、家具を壊す、家中に尿のにおいをつけるといった行動をとるようになるのです。ネコ救済団体には、野生的でかわいい子ネコの魅力に負けて飼い始めたものの、成長して扱いきれなくなった飼い主から数百件の電話やメールが寄せられています。

「ボルネオ島ウンピョウプログラム」（The Bornean Clouded Leopard Programme）は、ボルネオ島にすむすべてのネコ科野生動物の理解と保全の推進・向上を目的としています。このプログラムの組織や最新の現地活動に関する情報、カメラトラップ法により撮影された写真、募金方法などについては、www.wildcru.org をご覧ください。

保全状況	IUCN レッドリスト－軽度懸念（LC）
体　重	0.55～7kg
体　長	39～75cm
尾　長	17～31cm
産子数	通常2～3頭

マレーヤマネコ

英名 = **Flat-Headed Cat**　学名 = *Prionailurus planiceps*

　小さくて奇妙なマレーヤマネコは、短くて太い足、短い尾、前後に長くて平たい頭、低い位置についた耳が特徴です。イエネコよりも小さくて背が低く、スナドリネコのミニ版のような外見で、魚やカエル、小型哺乳類が好物というところもスナドリネコと共通しています。野生で目撃された数少ないマレーヤマネコは、どれもぬかるんだ土手か川の近く、または小川や池のへりで目撃されています。

　マレーヤマネコの体は、水中で獲物を探して捕まえるようにできているようです。歯の先はとがっていて、すべりやすい獲物をしっかりつかまえることができます。大きな目は鼻に近いところに真ん中寄りについていて、両眼視に有利です。また、ネコ科には珍しく、爪を引っ込められないといわれています。実際には引っ込められるのですが、爪をしまっておくさやが小さいため、爪の3分の2が外に出たままになっているのです。このような爪を持っているのはマレーヤマネコ、スナドリネコ、チーターの3種しかいません。

　マレーヤマネコはタイ南部、マレーシア、スマトラ島、ボルネオ島の熱帯林だけにすんでいます。数が少ないうえにひっそりと暮らしているため、カメラトラップをたくさん仕掛けても、写真に写ることはめったにありません。習性についてわかっていることの大半は、飼育されている個体の観察に基づいています。動物園では、いかにも水好きらしく、アライグマが水中の獲物を探るように前足を大きく広げてプールの底の食べ物を探します。子供のマレーヤマネコは水中で何時間も遊び、頭を水中に突っ込んで魚の切り身を拾い上げたりします。

「ボルネオ島ウンピョウプログラム」（The Bornean Clouded Leopard Programme）はボルネオ島にすむすべてのネコ科野生動物の理解と保全の推進・向上を目的としています。このプログラムの組織や最新の現地活動に関する情報、カメラトラップ法により撮影された写真、募金方法などについては、www.wildcru.org をご覧ください。

マレーヤマネコは外見がスナドリネコに似ているだけでなく
川、小川、池などの近くにすんで魚やカエル、小さな哺乳類を捕食する点も共通している。

小型ネコ科動物の泳ぎ：近縁種の3種のネコは優秀なスイマー

　ネコは足が濡れるのを嫌がることはよく知られています。それは確かに正しいのですが、例外もあります。ほとんどのネコ科動物は水を避け、必要に迫られない限り、めったに泳ぎません。しかし、アジアには泳ぎの得意な小型ネコの近縁種3種がいます。ベンガルヤマネコ系統に属するベンガルヤマネコ、スナドリネコ、マレーヤマネコです。みんな水中ですっかりリラックスした様子を見せ、動物園でも、この3種の子供はかなりの時間水中で遊んで過ごします。

　マレーヤマネコは、ボルネオ島、スマトラ島、マレーシアの川や小川に沿ったぬかるんだ土手や浸水したエリアにすんでいます。野生ではほとんど見ることができませんが、飼育下では、頭を水中に突っ込んでカエルを獲ったり魚の切り身を拾ったりして何時間も遊びます。アライグマのように前足を使ってプールの底の泥をあさることもあります。

　ベンガルヤマネコも泳ぎがうまく、水中で完全にくつろいで過ごします。私たちは、スマトラ島の小川のほとりで腹まで水につかって遊んでいたベンガルヤマネコを観察したことがありますが、最後に自信に満ちた様子で深い急流に飛び込み、泳いで向こう岸に渡りました。

　スナドリネコを飼育しているいくつかの動物園は、池と魚さえ用意すれば見事な魚狩りの腕前を披露してくれると報告しています。スナドリネコは水中で快適に過ごし、水に潜って長い距離を泳ぐこともできます。イヌに追いかけられたスナドリネコが泳ぐ様子を目撃した人は、「完全に水中に潜ったまま狭い水路を相当な距離泳ぎました。その間ずっと目は開けたままで、後足で力強く水をかいて進んでいたようです」と話しています。

　南米にすむ小型ネコの中で、泳げると知られているのはオセロットだけです。季節的に浸水するサバンナにすむオセロットもいて、雨季にはいつも土地の高い場所の間を泳いで移動して狩りをします。

　中大型ネコの中で、水中で長い時間過ごすのはトラとジャガーだけです。トラは暑く乾燥した季節の日中を、湖や水たまりに首までつかって過ごします。

ベンガルヤマネコ系統・マレーヤマネコ
Leopard Cat Lineage・Flat-Headed Cat

イエネコと同じくらいの大きさのマレーヤマネコは、泳ぎが得意で、水かきのついた足とさやに収まりきらない爪を持っている。

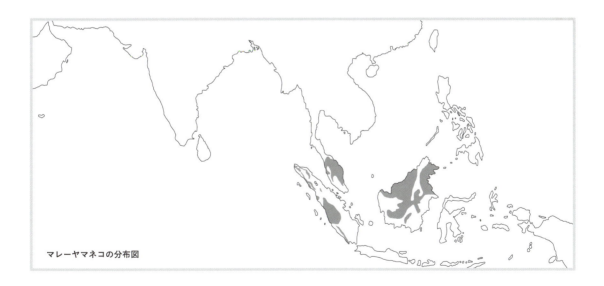

マレーヤマネコの分布図

保全状況	IUCNレッドリスト－絶滅危惧IB類（EN）
体　　重	1.5～2.2kg
体　　長	45～52cm
尾　　長	13～17cm
産子数	通常1～2頭

サビイロネコ

英名 = **Rusty-Spotted Cat**　学名 = *Prionailurus rubiginosus*

　小さなサビイロネコは、ベンガルヤマネコの近縁種です。「ネコ科のハチドリ」という呼び名は、大きさがイエネコの半分ほどしかないうえに、ずば抜けて身軽ですばしこいサビイロネコにまさにぴったりといえます。リスのように素早く木に登ることができ、そのおかげで大型の捕食動物からうまく逃れています。

　サビイロネコを動物園で見かけることはめったになく、飼育されている個体の大半はフランクフルトとコロンボ（スリランカ）の動物園にいます。動物園のサビイロネコは主に夜に行動しますが、昼間活発に動くこともあります。早足で歩き回り、せわしなく動く様子は、近くの囲いにいる他の小型ネコの早送り映像を見ているようです。飼育係によると、サビイロネコは体重2kgの小さな体ながら食欲旺盛で、ひな鳥をトッピングした115〜170gの肉の盛り合わせを毎日平らげます。インドとスリランカの乾燥林や低木地では、鳥類、げっ歯類、昆虫類、トカゲが主食です。

　サビイロネコはとても気性が荒いといわれています。キツネやジャッカル、体の大きな他のネコ科動物など、あらゆる捕食動物から獲物として狙われることを考えれば、無理のないことかもしれません。サビイロネコは普通、地上で狩りをするとみられていますが、危険が迫ると木登りの能力を生かして素早く木の上に逃げ込みます。野生のサビイロネコについては、習性も分布状況さえもほとんどわかっていないのですが、このところ目撃情報やカメラトラップ法で撮影される件数が増えていることから、これまで考えられていたよりも広い地域に分布している可能性があります。

スリランカとインドにすむ小さなサビイロネコは世界で最も謎に包まれたネコ科動物の1つで野生の生態についてはほとんど何も知られていない。

保全状況　IUCNレッドリスト−絶滅危惧II類（VU）
体　　重　1〜2kg
体　　長　35〜48cm
尾　　長　20〜25cm
産 子 数　通常1〜3頭

スリランカとインドにすむサビイロネコは、世界で最も小さいネコ科動物の1つ。

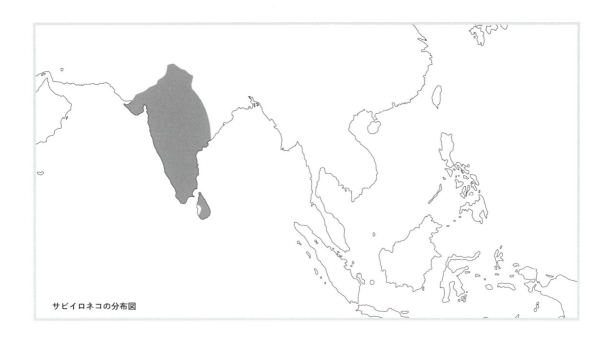

サビイロネコの分布図

暗闇で見る：暗闇での視力を高めるネコの目の反射板

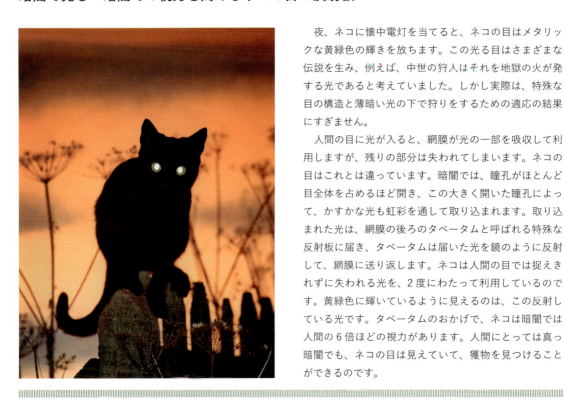

　夜、ネコに懐中電灯を当てると、ネコの目はメタリックな黄緑色の輝きを放ちます。この光る目はさまざまな伝説を生み、例えば、中世の狩人はそれを地獄の火が発する光であると考えていました。しかし実際は、特殊な目の構造と薄暗い光の下で狩りをするための適応の結果にすぎません。

　人間の目に光が入ると、網膜が光の一部を吸収して利用しますが、残りの部分は失われてしまいます。ネコの目はこれとは違っています。暗闇では、瞳孔がほとんど目全体を占めるほど開き、この大きく開いた瞳孔によって、かすかな光も虹彩を通して取り込まれます。取り込まれた光は、網膜の後ろのタペータムと呼ばれる特殊な反射板に届き、タペータムは届いた光を鏡のように反射して、網膜に送り返します。ネコは人間の目では捉えきれずに失われる光を、2度にわたって利用しているのです。黄緑色に輝いているように見えるのは、この反射している光です。タペータムのおかげで、ネコは暗闇では人間の6倍ほどの視力があります。人間にとっては真っ暗闇でも、ネコの目は見えていて、獲物を見つけることができるのです。

イエネコ系統

Domestic Cat Lineage

イエネコ

英名 = **Domestic Cat**　学名 = *Felis silvestris catus*

　ネコは謎めいています。誇り高く、威厳があり、独立心が強いと同時に、優美で、柔らかく、辛抱強い。癒やし効果のあるゴロゴロ音で私たちを魅了する一方で、段ボールや紙袋に夢中になる様子は私たちを笑わせてくれます。予測不能で制御不能。だから私たちは、ネコがなでてもらいたがったり、自分の膝の上で眠ったりするのを見ると、誇らしい気持ちになるのです。

　牛、ヒツジ、ヤギ、馬など、ほとんどの家畜は群れで生活する習性があり、有力な1頭をリーダーとして付き従うことに慣れているため、リーダーが人間に代わってもすぐに適応して忠誠を誓います。イヌも群れで生活していた祖先を持ち、群れのリーダーに従うようにプログラムされています。ところが、ネコは違います。肉食で、単独行動を好み、自分の縄張りを必死に守ろうとする、まったく独立独歩の生き物です。

　遺伝子学的証拠によると、ネコが最初に家畜化された場所は"肥沃な三日月地帯"——現在のトルコ、レバノン、イラク、シリア、イスラエル——でした。約1万2000年前に、新石器時代の狩猟採集民が初めてこの地域に定住して耕作を始め、このような初期の村落の家、田畑、そして穀物貯蔵庫が野生生物に新しい居場所を提供しました。イエネズミが穀物や飼料の貯蔵庫に移りすみ、このたっぷりの獲物にひかれてリビアヤマネコもやって来たのです。

　人間はほとんどの動物を捕獲し、飼い慣らし、役に立つよう訓練して家畜化しましたが、リビアヤマネコの場合は、村落の近くをうろつくうちに自然に家畜化したと考えられています。おそらく人間との共存を嫌がらなかったことが、ネコに有利に働いたのでしょう。人間はネズミ類を捕食してくれるネコを受け入れ、その愛らしさに魅せられた一部の人々は、ミルクや食べ残しを与えたりもするようになりました。そうした変化にどのくらいの時間がかかったかはわかりませんが、1万年ほど前にはネコが新石器時代の人間の生活で重要な位置を占め始めていたという証拠があります。

イエネコはリビアヤマネコの縞模様（タビー）の体毛を受け継いでいる。
足と尾の細かい縞、額のMの字、体の両側にある魚のサバのような縞模様が特徴の「マカレルタビー」が一番多く野良ネコにもよく見られる。今でも世界のネコの大半はタビーである。

イエネコにとって箱や紙袋は手近で魅力的な隠れ家。
動物園ではヒョウやトラのような大型ネコでさえ体を縮めて段ボール箱に入ることが知られている。

　2004年にキプロス島で人間とネコとの初期の関係を知る手がかりが発見されました。新石器時代の村の遺跡を発掘していた考古学者が見つけた新石器時代人の手の込んだ墓の中に、30歳の人間の遺体とともに、数個の磨かれた石、斧(おの)、火打石、二十数個の貝殻と、ネコの遺骸が埋められていたのです。このネコがペットだったのかどうかは知るよしがありませんが、丁寧に埋葬されていたことは、約9500年前の村の人々にとって、ネコが何らかの特別な意味を持っていたことを物語っています。キプロス島には野生のネコはすんでいなかったことから、レバント（現在のレバノン、シリア）北部からキプロス島に移住し、道具と初期の家畜をもたらした人々が、ヒツジ、ヤギ、ブタ、牛を舟に乗せて約64kmの海を渡ったときに、イエネコの最も古い近縁種もキプロス島に連れてきた可能性が高いと考えられています。

　約4000年前になると、エジプトの芸術家がモザイクや絵画にネコの姿を描き始め、それによってイエネコの歴史が容易にたどれるようになりました。彫像や魔よけ、絵画などに、

アレルギー：ペットのいる家の子供はアレルギーが少ない

　家でイヌやネコを飼うと、子供がアレルギーになりやすいのではないかと心配されることがありますが、実際は、むしろアレルギーから子供を守る効果があるようです。2頭以上のイヌやネコと一緒に育った子供が一般的なアレルギーを発症する確率は、そうでない子供の半分しかありません。研究者はこの結果を、幼いうちからイヌやネコの持つバクテリアに触れてきたことによるものと考えています。免疫系が発達する1歳までにバクテリアに触れることは、おそらく免疫系の訓練になり、その発達に違いをもたらすのかもしれません。

ネコはイヌと違って特定の仕事をするように仕込まれたことがない。
大半のネコは体型、大きさ、体色が野生の祖先とはほとんど変わらないままである。

　イスの下に座ったネコや舟に乗ったネコ、人々に崇拝されているネコが見られるほか、飼い主のイスの下でネコがネズミを殺している様子や、赤いリボンでイスの脚につながれたネコがボウルに入った食べ物を食べようとしている様子が描かれた墓地の絵画もあります。絵画からは、ファラオのために飼い慣らされたネコが野生ネコに比較的近いことも見て取れます。エジプトの芸術作品に描かれたネコは、比較的大型で足と尾が長く、体が細長くて胸幅が狭いなど、現代のイエネコよりもヨーロッパヤマネコと多くの共通点があります。また、肩甲骨が背中から突き出していてチーターのような歩き方をすることも、イエネコよりヤマネコに近い特徴です。

ネコの鳥殺しを止められるか
よだれかけや鈴でネコは野生動物を襲わなくなる？

　たっぷりと餌を与えていれば、ペットのネコは他の生き物を襲うことはないと考える人が多くいます。しかし、ネコの狩猟本能は空腹とは無関係で、十分な餌を食べていても獲物を襲います。ここ何年か、ペットのネコが野生動物を殺さないように、さまざまな試みがなされてきました。科学者は、捕食の妨げになることを期待して、鈴、よだれかけ、超音波装置などを取りつけて研究を行っています。しかし結果は玉虫色で、ある研究では首輪に鈴を付けると襲う獲物の数は減りましたが、別の研究ではむしろ襲う獲物の数が増加しました。

　最も効果があったのは、よだれかけのような「キャットビブ(CatBib)」です。これは、特別に考案された合成繊維の布で、面テープとフックで首輪に取りつけます。ネコにキャットビブを3週間取りつけ、これを外してまた3週間過ごさせました。その結果、81％のネコが鳥を襲うのをやめ、45％が小さな哺乳類を襲うのをやめました。意外なことに、ネコはこのよだれかけの装着に抵抗はなかったようです。

　約3,000年前には、エジプト神話のイシスとオシリスの娘がネコの頭の姿で描かれることが増え、太陽の恵みの象徴となりました。この娘は「バステト」と呼ばれ、成長する万物を司る偉大な猫女神となり、やがて豊穣と多産の象徴、最後には喜びと愛の女神になりました。約2,000年前には、バステトは有力な女神として猫崇拝の中心的存在となり、ナイル

イエネコ系統・イエネコ
Domestic Cat Lineage・Domestic Cat

バステトは成長する万物を司る偉大な猫女神。豊穣と多産の象徴から、最終的に愛と喜びの女神になった。

東部のブバスティス（現在のテルバスタ）にバステトを守護神とする神殿が建てられています。神殿には巨大なバステト像が置かれ、祭司と従者は数千頭のネコに餌を与えて世話をしていたといいます。喜びと愛の女神であるバステトの人気は絶大で、猫女神の祭りを祝うために毎年数千人の人々がブバスティスに巡礼に訪れました。この頃の絵画には、赤茶色、橙褐色、トラのような縞模様（タビー）など数種類の体色のネコが描かれています。

当時は多くの人々がネコをペットとして飼い、ネコが死ぬと、家族が死んだのと同じように家族全員が喪に服しました。死骸は防腐処理されたうえでネコ専用の墓地に埋葬され、来世での食べ物として、小さなポットに入れたミルクと、時にはハツカネズミやトガリネズミのミイラが一緒に埋められました。ネコ殺しの罪を犯した者は死刑に処せられたため、病気やケガをしたネコを外で見かけると、人々は責任を負わされるのを恐れて逃げたといいます。

エジプトにキリスト教が伝わって間もなく、ネコはエジプトから世界各地に広がりました。ローマに達したネコは、移動を続けるローマ軍の随行者とともにヨーロッパ全土に運ばれ、10世紀までには法的文書に登場するほど広まりました。10世紀のウェールズの法律には、村落とは「建物7棟、羊飼い1人、鋤1本、窯1台、攪乳器1台、雄牛1頭、雄鶏1羽、ネコ1頭を有する場所」と定義されています。

ネコは帆船とはしけによってヨーロッパや世界の各地に運ばれた可能性が高く、ネコにちなんだ海事用語や気象に関する表現がいくつもあります。例えば、水面にさざなみを立たせるような微風は「猫足風（cat's paw）」と呼ばれ、ネコがテーブルやイスの脚を引っかくのは嵐の前触れと信じられていました。そのほかにも、「九尾の猫鞭（cat-o'-nine-tails）」「キャットボート（catboat）」「キャットウォーク（catwalk）」「キャットリグ（cat rig）」など、「キャット」で始まる海事用語は枚挙に暇がありません。

野生動物の殺し屋：ネコが殺す鳥や小動物の数はあまりにも多い

　ネコの飼い主なら誰もが、死んだネズミや致命傷を負った小鳥をくわえて戻ってきたネコを見て、「何てことを」と叫んだ経験があるでしょう。悲しいことに、こうしたことは米国の100万軒の家庭で毎日のように起きています。飼い主には受け入れがたい事実ですが、外を出歩くイエネコはたくさんの野生動物を殺します。

　米国では8600万頭以上のネコがペットとして飼われていて、少なくともその半分は外で過ごしています。1頭のネコが殺す小動物や鳥の数を正確に計算するのはほぼ不可能ですが、飼い主がネコの持ち帰ってきた「獲物」の数を報告する調査がいくつかあります。数百人の飼い主とペットのネコを対象とした調査では、ネコは1カ月に2〜3頭の獲物を殺していました。この数字は小さいように見えますが、数百万頭というネコの数を掛けると、とてつもない数になります。科学者は、この調査を含むさまざまな調査結果にもとづき、米国のイエネコは毎年数億羽の鳥と10億頭以上の小動物を殺していると推定しています。

　ペットのネコが死んだネズミを土産に持ち帰ってきても、たいていの飼い主は、たまにしかないことだし、鳥やトカゲやネズミはいくらでもいるのだからと自分に言い聞かせて安心します。しかし、現実にはペットは野生動物に深刻な危害を及ぼしています。私たち一人ひとりがペットに狩りを思いとどまらせる方法を見つける必要があります。室内かフェンスで囲った庭で飼う、外に出すなら首輪、鈴、よだれかけなどを使うのも1つの方法でしょう。この問題に向き合うことは、飼い主としての責任です。思い違いで何も手を打たない代償はあまりにも大きいといえます。

イエネコ系統・イエネコ
Domestic Cat Lineage・Domestic Cat

現代のネコの品種は主に2つのタイプから進化している。
ヨーロッパなどの冷涼な気候に適したタイプは頭が大きくがっちりした体格とふさふさした毛並みが特徴で、ヨーロッパヤマネコに似ている。
中東やアフリカなどの温暖な気候に適したタイプは体がほっそりして足が長く、体毛が短いという特徴があり、リビアヤマネコに似ている。

　海を渡って、または村から村へ歩いて、ネコは徐々に世界全体に広がり、10世紀には中国を経て日本にもたどり着きました。最近の遺伝子研究によると、東洋のネコはヨーロッパのネコから少なくとも700年前に枝分かれし、東洋に到達した後は別々の個体群として独自の進化を遂げたことがわかっています。小さな個体群は、次第に独特の体色やボンボンのように丸まった尾（ボブテイル）、ねじれた尾といったユニークな特徴が現れるようになり、現在のコラット、シャム、バーマンなどの品種のもとになりました。この3品種は、タイの仏教僧が1350年に書いたネコについての詩の本にも取り上げられています。

　初期のエジプトのネコと同じように、他の多くの品種に関しても、遺伝子学的な証拠とともに、書物、絵画、口承伝承などが残っています。尾の短い和ネコもその1つで、その長い歴史は絵画に記録され、歴史的な資料によって裏付けられています。この品種は丸まった短い尾で見分けがつきやすく、芸術作品で歴史をたどることが可能です。スミソニアン博物館（ワシントンD.C.）のフリーア美術館に所蔵されている15世紀の絵画には2頭の尾の短い和ネコが描かれ、1636年に建立された日光東照宮にも尾の短い和ネコの彫刻が飾られています。

現代のイエネコは体毛の色、毛並み、模様が200年前よりはるかに豊富になっているが、今でも大半は祖先のタビーに近い模様である。

　歴史的資料によると、尾の短い和ネコは6世紀から9世紀の間に中国から日本へもたらされました。京都の宮廷で飼われ、位を与えられたこともあります。白ネコは幸運をもたらすという古い迷信が今も残っていて、片方の前足をあげた「招き猫」は幸せを招き入れると信じられています。

　とはいえ、ネコはいつの時代も大切にされてきたというわけではありません。人間とネコが近くにすむようになって以来、ネコは神として崇められると同時に、悪魔の使いとも見なされてきました。ネコをしばらく観察してみると、この正反対の扱いを受ける理由がわかってきます。足と尾をきちんとそろえて座り、静かに世界を見つめているネコを目の前にすると、神聖なものと見なされている理由がわかり、崇められるのも当然のような気がしてきます。しかし、ほんの少し想像力を働かせれば、魔女の使いのような面を感じることもできます。おびえて完全に防御体制に入ったネコは、背中を丸めて毛を逆立て、シャーシャーと息を吐いたり、唾を吐いたりします。

一番人気のペット：米国ではネコが圧勝！

　2011年時点で、米国で一番人気のあるペットはネコでした。米国動物愛護協会によると、米国の家庭で飼われているネコは約8640万頭で、その半数はネコが2頭以上いる家庭で飼われています。このうち88％が不妊手術を受けているというのは、歓迎すべきことです。

野良ネコの問題をどうするか
人間の対応と在来野生動物への影響が主な課題

　米国、ヨーロッパ、オーストラリアの都市や公園、荒地などに、野良ネコと放任状態の飼いネコが数百万頭います。人々が餌やりをしても、野良ネコは鳥や小さな哺乳類、トカゲなどを襲い続け、毎日数百万もの小動物や鳥を殺しています。ネコの愛好家と環境保護主義者にとって2つの重要な問題は、増えすぎたネコにどう対処すべきか、在来種の野生生物をどのように保護すればよいのか——。

　増えすぎたネコについては、動物愛護団体が、「捕獲し、不妊手術をして、元の場所に戻す（TNR, trap-neuter-return）」プログラムを推進しています。このプログラムでは、ボランティアの世話係が、市街地のごみ箱の近くや工業用地、街中の公園などにある野良ネコのコロニーで、餌やりや観察を行います。

　ネコの不妊手術はどんな状況であれ好ましいことなので、TNR は一般の人々に支持されやすいアイデアですが、手術後に市街地や公園に戻すのが増えすぎた野良ネコ問題の解決につながるという証拠はほとんどありません。普通に考えれば、不妊手術をして、生まれてくる子ネコの数が減れば、全体のネコの数は少なくなるはずです。ところが、実は必ずしもそうではないのです。マイアミデイド郡の2つのコロニーにすむ野良ネコに不妊手術を受けさせたところ、ネコの数は当初は減りましたが、それ以上に違法な捨てネコが増えたり、用意された餌にひかれて迷いネコが集まったりして、かえって数が増加してしまいました。驚いたことに、米国のTNRプログラムの対象となった数十万カ所のコロニーの調査では、ネコの数が減少したのはひと握りにすぎませんでした。

　野良ネコのTNRプログラムとの関連で提起されているもう1つの問題が、数百万頭の放任状態のネコが野生動物に与える影響です。TNRは野良ネコの増加を抑えるには有効かもしれませんが、野生動物の捕食を止めさせるにはほとんど効果がありません。ネコの飼い主ならわかるように、十分な餌を与えても、ネコは狩りを止めないからです。野良ネコのコロニーがごみ箱の近くや市街地の住宅街にあり、ネコがネズミやハトを襲っているのであれば問題にならないでしょう。しかしコロニーが公園、鳥などが巣作りする海岸、野生動物のサンクチュアリなどの近くにある場合は大変なことになります。結局のところ、ネコのコロニーを対象としたTNRプログラムは、ネコが野生動物に危害を加える可能性の低い都心や市街地には適しているかもしれませんが、野生動物の保護区の近くや州と都市の公園内では、野良ネコのコロニー自体を容認すべきではありません。

ネコは尾を使ってコミュニケーションを取る。尾をまっすぐ立てているネコは、相手と親しく付き合いたいと感じている。尾を人の脚や他のネコに巻きつけるのも親しみの表現である。

　中世に入ると、約300年にわたるネコの迫害が始まり、14世紀にはネコは魔女の使いや悪魔の弟子と見なされるようになりました。女性、特に年老いて醜い女性は、ありとあらゆる不幸を人々にもたらす魔女と見なされて魔女狩りの標的になり、ネコはその召使として強い疑いをかけられたのです。見知らぬネコが家の前に現れると、人々はしばしば、それはネコではなく呪いをかけにやってきた魔女なのではないかと考えました。そして家の住人を疑いました。魔女は、ネコに姿を変えて魔術を使うとも、巨大なネコの背中に乗って真夜中の集まりに参加するともいわれていました。最初の公式な魔女裁判は1566年に行われ、アグネス・ウォーターハウスとその娘のジョーンが処刑されました。この裁判で、二人は「まだらのある白いネコ」を飼っていたとされています。

　それから数百年経っても、ネコはまだ悪魔や災いと結びつけられ、魔女の邪悪な計画を実行する使いや一味と見なされました。「ネコには9つの命がある」という有名なことわざも魔術に由来しています。1584年に書かれた『Beware the Cat（猫にご用心）』という本に、「魔女はネコの体を9回借りることを許されている」と書かれているのです。「黒ネコが前を横切ると不吉なことが起きる」という昔からの迷信も、黒ネコが悪魔への道の案内役であると信じられていたことから生まれたものです。

　この時期のヨーロッパをイエネコが何とか生き延びたことは、それだけで驚嘆に値します。人々は、ネコと見れば殺しました。焼いたり、叩いたり、溺れさせたり、さまざまな方法で

虐待しました。宗教上の祝日には決まってネコがいたぶられ、殺されました。それが象徴的な悪魔払いの方法と見なされていたのです。

　ネコが再び人々に好まれるようになったのは、17世紀末にフランスの宰相リシュリューが宮廷で数十頭のネコを飼ったことがきっかけでした。リシュリューにならってネコを飼う人が次々に現れ、ヨーロッパでネコの人気がいくらか復活したのです。

　ローマとギリシャで、ネコの家畜化が始まってしばらくは、ネコの体毛はすべて野生ネコのタビーに近い模様だったようです。イエネコの体毛の色は、祖先であるリビアヤマネコのタビーの突然変異によって現れたと考えられています。現在のイエネコは、体毛の色、毛並み、模様が200年前よりはるかに豊富になっていますが、今でも世界のネコの大半はタビーです。

　ネコが人間の保護のもとで暮らし始めると、突然変異による変わった色の体毛のネコが人気を集めるようになりました。ネコの選択的交配が始まったのは、19世紀後半と比較的最近のことです。交配によって新種のネコを作り出す動きが始まったのはイギリスで、ちょうどその頃、新たに発表された進化論に対して一般の関心が高まり、多くの人々がさまざまな動物の品種を改良し向上するという考えに魅せられていました。

　短尾の和ネコや尻尾のないマンクスのように、数百年前から存在する比較的古い一部の品種は、地理的に孤立した個体群に起源があります。しかし、このような例外を除いて、ほとんどの品種は比較的最近作られたものです。150年前、ネコ愛好家は、体毛の色、毛足の長さ、顔の形、耳の折れ方に関する遺伝子の突然変異を無作為に選んで交配することによって、新しい品種を作り始めました。

　今日、猫登録協会（CFA, Cat Fancier's Association）は、体格、原産国、体色、体毛のタイプなどによって42品種を認定しています。現在の品種は奇抜な名前が付けられていることが多く、例えば、「バリニーズ」はバリ島原産ではなくシャムの長毛タイプ、「ソマリ」はアビシニアンの長毛タイプです。品種間の遺伝子的な違いはほんのわずかで、人間でいえばイタリア人とフランス人くらいの差しかありません。

　イエネコの次なる進化の飛躍は40年ほど前に始まりました。ブリーダーは現代の生殖技術を使って、イエネコとベンガルヤマネコ、サーバル、ジャングルキャットなどの野生種を交配し、イエネコの人なつこさと野性ネコの体をあわせ持つ品種を作り出そうとしています。しかし、現在のモデル品種をもとに改良を進めていくことは難しいだろうという見方が大勢を占めています。

クロアシネコ

英名 = **Black-Footed Cat**　学名 = *Felis nigripes*

　クロアシネコはアフリカ南部の主に南アフリカとナミビアにすんでいますが、隣り合うジンバブエ、アンゴラ南部、ボツワナでは生息記録がほとんどありません。生態と習性についてわかっていることはごくわずかで、それはアレックス・スリワが南アフリカ中部の農場で行った、草分け的な長期研究によるものです。

　アフリカで一番小さいクロアシネコは、成長しても体重は1〜3kgどまりで、大きくて幅の広い頭と、左右に離れた丸い耳、細かい縞の入った先の黒い尾を持っています。足裏の毛と肉球が黒いことが、名前の由来です。

　クロアシネコは乾燥した草原や半砂漠で暮らしています。雨がほとんど降らないため、必要な水分は食べ物から摂るしかありません。昼間は、打ち捨てられた動物の巣穴や抜け殻になったシロアリの巣、岩の厚板の下などで過ごし、日が落ちると狩りに出かけます。隠れ場が少ない場所で獲物にしのび寄るのは難しいのですが、クロアシネコの狩りはめざましい成功率を誇ります。スリワが発信機付きの首輪をつけたクロアシネコの狩りを観察したところ、30分ごとに何かを捕まえ、6割の確率で狩りに成功していることがわかりました。夜の狩りではほぼ1時間に一度獲物を殺し、一晩に合計10〜15匹ほどの小鳥やトカゲ、げっ歯類を捕食します。小さい体に似合わない大食漢で、毎晩自分の体重の5分の1ほどの食物を平らげるといいます。食べ残しは隠したり安全な場所にしまったりします。これはネコ科よりもイヌ科によく見られる習性です。

　クロアシネコは、自分の体重の3分の1から2分の1くらいのノウサギ、マングース、ノガンを含め、力で押さえ込める動物なら何でも襲います。オスはメスよりかなり大きな獲物を殺します。オスより小柄で敏捷なメスは、ヒバリやタヒバリのように地上に巣を作る小鳥を捕食したり、時には跳んでいる鳥を空中で捕まえたりします。スリワの調査では、3通りの狩りのスタイルが確認されました。「すばやい狩り」では、草むらを走り回って隠れている獲物を追い立て、「ゆっくりした狩り」では、頭を左右に向けて周囲の動きと音に警戒し

ひっそりと暮らす小さなクロアシネコは、アフリカにすむネコ科動物の中で最も希少でアフリカ南部の砂漠化した草原にすむ繁殖能力のある個体は1万頭に満たない。

足底の毛と肉球が黒いことからクロアシネコと名づけられた。

イエネコ系統・クロアシネコ
Domestic Cat Lineage・Black-Footed Cat

メスのクロアシネコは通常1年に2回子供を産む。生後1日の赤ちゃんネコは使われなくなったシロアリの塚に隠され、安全に守られている。

ながら、草の間をヘビのようにはいつくばってくねくねと進み、獲物に近づきます。「待ち伏せ」は、げっ歯類の巣のそばにじっと座り、耳をたえず動かし、かすかな音にも目を大きく見開いたりしながら、獲物が出てくる気配を待つというスタイルです。

　クロアシネコは単独行動を好み、社会的な交流はメスと子供の間と、交尾期のオスとメスの間に限られます。体は小さくても、行動範囲は広く、一晩に16kmほど歩きます。オスとメスは、一種の遠隔メッセージ手段として、行動圏全体ににおいでマーキングします。マーキングの回数はオスのほうが多く、1時間に10〜12回程度です。交尾の前夜に585回も尿

においによるマーキング：
他のネコとコミュニケーションを取るためににおいのしるしを使う

　ネコは足、尾、額、頬、顎の分泌腺から出るにおいを使ってコミュニケーションを取ります。ペットのネコが体をソファに擦りつけたり、顎を出入り口に擦りつけたりするのは、野生のネコ科動物と同じように縄張りのしるしを付けているのです。

　においには、においを付けたネコの個体と社会的な地位、そしてにおいをつけた時間に関する情報が含まれています。においによるマーキングは近くにすむネコと行動圏が重なっている場合に特に多く見られますが、これはたぶん「今までここにいた」というメッセージを残すためでしょう。においのマーキングは徐々に薄れますから、ネコはその場所をまだ占領していることを他のネコに知らせるために、行動圏全体にマーキングし直す必要があります。縄張りを持つオスのトラは、行動圏内を動き回って約3週間ごとににおいのマーキングをつけ直します。興味深いことに、オスが死んだ場合、新しいオスが移りすんで自分の縄張りであると主張するまでにかかる時間も約3週間です。

をまき散らすオスが目撃されたことがありますが、これはたまり水がほとんど、またはまったくない乾燥した環境にすむ動物としては、とてつもない記録です。

　クロアシネコは声でもコミュニケーションを取ります。トラの吠え声を1オクターブ上げたような鳴き声です。クロアシネコは、半砂漠にまばらに暮らしているにもかかわらず、メスがオスの求愛を受け入れるのは5～10時間だけです。メスの交尾の準備が整ったとき、オスとメスが互いをすぐに見つけられる方法が必要なのですが、このような環境では、遠くまで届く大音量の吠え声が最も効果的です。

　メスは普通、1年に2回子供を産みます。妊娠期間はイエネコより1週間ほど長い65日です。クロアシネコの子供はイエネコより成長が早く、生まれたその日にはったり頭を上げたりすることができます。繁殖の習性は、明らかに大型の捕食動物に襲われにくくするための適応です。例えば、短い受精可能期間は無防備になる交尾期の短縮につながります。また、長い妊娠期間や、一度に出産する数の少なさ、成長の早さは、子供が自分で何もできない時間を短くするためのものです。

　クロアシネコは、IUCNレッドリストの絶滅危惧II類に指定されています。放牧と農業によって生息環境は悪化しつつあります。家畜を襲う捕食動物を殺すため、農場主が置いた毒入りの死骸を、クロアシネコがあさって死んでしまうことも少なくありません。大半の生息地で保護種の指定を受け、ボツワナや南アフリカでは狩猟も禁止されています。クロアシネコ・ワーキンググループ（Black-footed Cat Working Group）は、絶滅の危険があるクロアシネコの理解と保全の推進・向上を目的としています。このプロジェクトや最新の現地活動に関する情報、カメラトラップ法により撮影された写真、募金方法などについては、black-footed-cat.wild-cat.org/ をご覧ください。

イエネコ系統・クロアシネコ
Domestic Cat Lineage・Black-Footed Cat

クロアシネコの分布図

保全状況	IUCN レッドリスト－絶滅危惧II類（VU）
体　重	1～3kg
体　長	35～49cm
尾　長	8～19cm
産子数	2頭

ヨーロッパヤマネコ

英名 = **Wildcats**　学名 = *Felis silvestris*

　ユーラシアからアフリカにかけて分布するヨーロッパヤマネコは、その分類について活発な議論が展開されてきました。そして現在は、5つの亜種に分類されています。

ヨーロッパヤマネコ※種（*Felis silvestris*）の現在の亜種分類
- ヨーロッパヤマネコ※基亜種（*Felis silvestris silvestris*）
- リビアヤマネコ（*Felis silvestris lybica*）
- ステップヤマネコ（*Felis silvestris ornata*）
- アフリカヤマネコ（*Felis silvestris cafra*）
- ハイイロネコ（*Felis silvestris bieti*）

　2007年までは、主に外見と分布にもとづいて3つの亜種に分類されるのが一般的でした。ヨーロッパの森林にすむずんぐりして体毛がふさふさのヨーロッパヤマネコ、アジアのステップにすむきゃしゃなステップヤマネコ、アフリカにすむ足が長くほっそりした体型のリビアヤマネコです。それぞれの違いはほんのわずかで、共通の祖先から比較的新しい時代に枝分かれしたと考えられています。

　2007年以降は、新たな遺伝子情報によって、それまでまったく別の種と見なされていた中国の山地にすむハイイロネコも、実はヨーロッパヤマネコの亜種であることがわかりました。また、以前はリビアヤマネコと同種と見なされていたアフリカヤマネコが、最近別種であることが確認され、こちらもヨーロッパヤマネコの亜種の1つになりました。

　世界中で見られるイエネコは、6番目の亜種と見なされることがあります。祖先はリビアヤマネコで、枝分かれしたのはわずか1万年前のことです。

がっちりした体つきとふさふさした体毛が特徴のヨーロッパヤマネコは大型のタビーのイエネコによく似ている。

保全状況	IUCNレッドリスト－軽度懸念（LC）
体　重	2.5〜9kg
体　長	46〜85cm
尾　長	25〜37cm
産子数	1〜6頭

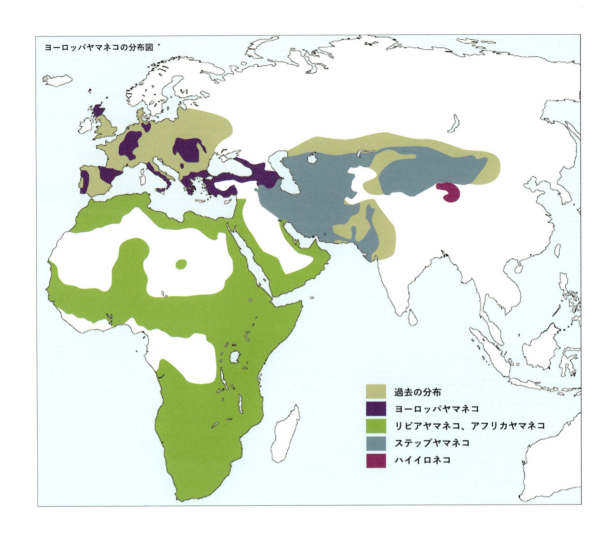

リビアヤマネコ（*Felis silvestris lybica*）、アフリカヤマネコ（*Felis silvestris cafra*）

　アフリカには、ヨーロッパとアジアにすむものと合わせて5つになるヨーロッパヤマネコの亜種のうち、2亜種がすんでいます。つい最近に亜種として特定されたものはアフリカヤマネコとハイイロネコです。遺伝子研究によると、5つの亜種は約23万年前から枝分かれし始め、最も新しい枝分かれでは、リビアヤマネコからイエネコが出現しています。

　リビアヤマネコの家畜化は約1万年前に、"肥沃な三日月地帯"——現在のトルコ、レバノン、イラク、シリア、イスラエル——として知られる地域で始まりました。この地帯は、人間が最初に穀物を栽培した場所です。穀物の貯蔵庫と人間の生活から出るごみはネズミ類を引き寄せ、この新たな獲物を追ってリビアヤマネコも近くに移りすむようになりました。人間とうまく共存できたリビアヤマネコは生き残り、長い年月を経て、現在のイエネコに進化しました。

アジアのヨーロッパヤマネコは一度にたくさんの子供を産む。母親はもうすぐ、この生後1カ月の子ネコたちに固形の食べ物を与えるため甲虫、げっ歯類、トカゲなどを持ち帰り始める。

　リビアヤマネコは足が長くほっそりした体つきです。毛色はすんでいる場所によって、黄色みのある灰褐色から赤みがかった色までさまざまあり、主にカムフラージュに役立ちます。例えば、砂漠にすむヤマネコは色が薄く、森林にすむヤマネコは濃い色に縞や筋が入っていて、体の輪郭が目立ちにくくなっています。

　リビアヤマネコがイエネコやハイブリッドキャットと大きく違う点は2つあります。1つは耳の裏側の色です。リビアヤマネコが濃い赤褐色であるのに対し、イエネコとハイブリッドキャットは、根元が少し赤みを帯びていることがあるものの、たいていは濃い灰色か黒色です。もう1つの大きな違いは、足の長さです。リビアヤマネコは背筋を伸ばして座ると、前足が長いために体はほぼ垂直になります。イエネコやハイブリッドキャットには真似できないこの特徴的なポーズは、エジプトのミイラの青銅の棺や、墓の絵画に描かれています。歩くときも、長い足と高い位置にある肩甲骨によって、イエネコよりチーターに近い独特の動きを見せます。

ヨーロッパにすむヨーロッパヤマネコは幅広の頭、平たい顔、長くてふさふさした体毛が特徴。
ほっそりしたリビアヤマネコに比べパワフルでたくましい印象を与える。

　リビアヤマネコはかなり一般的に見られる種で、ほとんどどのような環境でも生きていけます。普段は地上で狩りをしますが、木登りもうまく、ほぼあらゆる小型の獲物を捕食します。多くの場合、大型ネズミとハツカネズミが食物の4分の3を占めますが、その他に鳥やトカゲ、時にはノウサギも食べます。狩りを始めるのはたいてい夕暮れで、活動が一番活発になるのは午後10時から真夜中にかけてと夜明け前後です。冬は、そのまま朝まで狩りを続けます。

　繁殖に関しては適応力が高く、環境に応じた調整ができるため、獲物があり余るほどいる時期に合わせて繁殖します。メスの発情期は年に数回あり、条件がよければ、年に2回出産することもあります。子供は生後1カ月まで授乳した後、4週間で動けるようになります。3カ月経つとメスは子供を狩りに連れていき、6カ月後には自立します。その頃には、母親はまた妊娠するか出産していることがあります。

　他のヨーロッパヤマネコと同じように、リビアヤマネコも単独行動を好みます。オスもメスも行動圏が重なり、どちらも行動圏全体に尿でマーキングします。異性を呼び寄せたいときは、オス、メスともにとても大きな甲高い声で短く叫びます。

リビアヤマネコは少なくとも 9000 年前から人間のすむ村落の近くで暮らしてきた。家畜化する前から人間はネズミ類を捕ってくれるこの種を重宝していた。

ヨーロッパのほとんどの地域で、ヨーロッパヤマネコは家畜を襲うとして罠にかけられたり、毛皮を目的に狩猟されたりしている。猟場の番人は歴史的に、ヨーロッパヤマネコをキジやライチョウの大敵と見なして駆除に力を入れてきた。

　リビアヤマネコはアフリカで、人間の活動による恩恵を得た数少ないネコ科動物の1つです。なぜなら、農業の発展によって獲物となるネズミ類が増えたからです。しかし、リビアヤマネコがイエネコの祖先であることを考えると皮肉なことですが、イエネコはリビアヤマネコの最大の脅威になるかもしれません。というのも、アフリカのいたる所で、人里から遠く離れた場所でも、リビアヤマネコとイエネコの交雑が進んでいるため、純血種のリビアヤマネコを見つけることがだんだん難しくなってきているのです。

ヨーロッパヤマネコ（*Felis silveris silvestris*）

　ヨーロッパヤマネコは、大型のタビーのイエネコにとてもよく似ています。長くてふさふさした体毛、幅の広い頭、どちらかといえば平たい顔のせいで、実際より体が大きく見えますが、平均体重は3～6kgほどしかなく、背が高くほっそりしたリビアヤマネコとあまり変わりません。

　ヨーロッパヤマネコは、生息地全域で盛んに狩猟されているにもかかわらず、スコットランド北部、スペイン、ポルトガル、フランス、ドイツ、ポーランド、スイス、イタリア、その他ヨーロッパ南東部などに今も暮らしています。すんでいる環境は混交林、湿地、岩場、こんもりした茂みなどです。深い雪の中を移動するのは得意でないため、雪の多い場所は避ける傾向があります。社会的習性はほとんどわかっていませんが、基本は単独行動を好み、他のヨーロッパヤマネコと行動圏が重なっていても、同じエリアでは狩りをしたがらないようです。オスとメスは求愛期と交尾期には一緒に行動しますが、それ以外で行動を共にすることはめったにありません。

　狩りはたいてい夜に地上で行います。スコットランドでの調査によると、絶えずジグザグに移動し、途中で同じルートを引き返したり、茂みやヘザーの群落で獲物を探したり、積もった雪を頭で押しのけて低い松の枝の下をのぞき込んだりすることがわかりました。猛吹雪の間は、28時間も巣に閉じこもったり、標高の低い場所へ移動したりしていたといいます。ヨーロッパヤマネコは、ほとんどの生息地で小型のげっ歯類を主食にしていますが、スコットランドではウサギを広く捕食します。食物に関しては適応力が高く、雑食で生き延びることができ、時には昆虫、カエル、果実、ノロジカの子供、シャモアの子供、魚、オコジョを食べたり、ニワトリを大量に襲うこともあります。

　歴史的に見ると、ヨーロッパの猟場の番人はヤマネコの駆除に力を入れてきました。ヤマネコはキジ、ライチョウ、ウサギなどの最大の敵と見なされているからです。ヨーロッパヤマネコはオオカミやキツネを狙って仕掛けられた罠にかかることもあります。現在、ヨーロッパヤマネコにとって最も重大な脅威の1つは、イエネコと簡単に交雑してしまうことです。例えばスコットランドでは、人里離れたハイランド地方にさえ、純血種のヨーロッパヤマネコは400頭も残っていません。あとは捕獲繁殖プログラムで飼育されているごく少数の個体がいるだけです。スコットランドのヨーロッパヤマネコ保全計画では、ハイランド地方西部を放浪する推定10万頭の野良ネコや農場で放し飼いされているネコを罠にかけて捕獲し、TNRなどを通じて最終的にこれをゼロにすることを目指しています。

スナネコ

英名 = **Sand Cat**　学名 = *Felis margarita*

　足の短い、がっちりした体つきのスナネコは、サハラと中東の砂丘や岩の露出した場所での生活に適応しています。足指の間にびっしり生えた長い毛は、分厚いマットのように肉球を覆って熱い砂から足を守ると同時に、歩くときにクッションの役割を果たします。長い毛が肉球を覆っているため、スナネコの足跡は不明瞭で、簡単にたどることはできません。耳が驚くほどよく、大きな耳と中耳腔のおかげで聴覚がとても敏感です。540mほど離れた場所で発生した音も、他の大半のネコ科動物よりよく聞きとることができます。

　このような特殊な体の構造のほかに、スナネコは移動のしかたも独特です。時々ジャンプを交えながら、腹をできるだけ地面に近づけた状態ですばやく走ります。必要に迫られれば、短い距離で時速30〜40kmの猛スピードを出すことができます。視界を遮るもののない場所で、姿を消すこともできます。危険が迫ると、小さい岩や草の茂みのそばで、顎を地面につけ、耳を下向きにして平らに寝そべることで、ほとんど姿が見えなくなるのです。

　スナネコは生息地全域で、急激な気温の変化に適応しなくてはなりません。夏、トルクメニスタンのカラクム砂漠の気温は50℃を超えることがあり、砂の表面温度は80℃にも達します。これに対して、冬の気温はマイナス25℃まで下がることがあります。スナネコは、暑さと寒さが一番厳しい時期は巣穴に引きこもり、このような過酷な環境をしのいでいます。ふさふさした体毛も、断熱材としての効果を発揮します。また、たまり水がなくても生き延びることができ、1年の大半を、獲物から十分な水分を摂ることで、水を飲まずに過ごします。

　スナネコは日が暮れる直前か暗くなり始めた頃に狩りに出かけ、夜通し狩りを続けます。

抜群に聴力がいいスナネコ。食物を探してあちこち移動し、イヌに似た短い吠え声で互いに連絡を取り合う。

耳で聞く：大きくなった中耳腔ではるか彼方の音も聞こえる

　砂漠は生きるには厳しい場所です。身を隠せる植物の茂みが少ないため、ハツカネズミやアレチネズミ、ヘビなどがとても少なく、スナネコやクロアシネコのような捕食動物は、一晩に8〜10km移動して狩りをしなければなりません。十分な食料を確保するには、どのネコもとてつもなく広い範囲を回って獲物を探さなくてはならないのです。主に夜に狩りをするスナネコにとっては、獲物や他の捕食動物の存在を察知したり、他のスナネコの声をキャッチしたりするうえで、聴覚が最も重要な手段になっています。

　ただ、音の伝達という点で、砂漠には他の場所とは違う特性がいくつかあります。一般に、砂漠では音は遠くまで伝わります。木がないため、音の分散や「希薄化」がなく、風の音もしないからです。地表が冷える夜には、逆転層によって、地表近くの音がさらに遠くまで運ばれます。

　木などが少なく乾燥した環境にすんでいるスナネコ、クロアシネコ、マヌルネコは、みんな大きな中耳腔を持っています。同じく砂漠にすむフェネック、トビウサギ、トビネズミなども同じような特殊な形態の中耳腔と大きな耳を持っていて、これによって音を増幅したり、振動を感知したりします。たとえば、トビウサギは頭頂を地面に押しつけて眠ることで知られていますが、これはたぶん捕食動物が近づいて来たときに振動を感知するためでしょう。

　砂漠にすむ3種のネコ科動物のうち、スナネコは砂漠での生活に最も特化していて、聴覚も最も敏感です。スナネコの外耳の位置と大きさは音の発生場所を特定する精度を高め、中耳の構造は比較的周波数の低い音を吸収する能力を高めます。

　砂漠にすむネコは敏感な耳を、狩りのためだけではなく、互いの連絡にも使います。スナネコとクロアシネコは、小さな体に似合わぬ大きく低い声を出します。大音量の長い吠え声は低周波数音で、音をさえぎるもののない乾燥した場所では遠くまで伝わります。オスもメスも交尾期に互いを見つけるためにこの大きな声を使い、縄張りを持つオスは、吠えるライオンと同じように、この大きな声でライバルのオスたちに自分の居場所を知らせるのです。

スナネコは巣を掘る習性を持つ数少ないネコ科動物の1つ。サハラ砂漠と中東の砂丘や岩の露出した場所にすむ。

大きな耳と中耳腔の特徴から、スナネコは音で獲物を見つけていると考えられます。アレチネズミからヤモリ、鳥、甲虫まで、ほとんどどんな獲物も、忍び足で近づいて飛びかかるか、追いかけて捕まえます。耳をすませて歩きながら獲物を探し、長い距離を探し歩くこともしばしばです。発信機付きの首輪をつけたあるオスは、一晩に8km歩き、次の日の夜に巣に戻りました。

　場所によっては、爬虫類が主食になることもあります。サハラの遊牧民によると、スナネコは小さな体でヘビを捕食し、スナクサリヘビやハナダカクサリヘビを日常的に襲うといいます。遊牧民はスナネコを、穴を掘らないリビアヤマネコと区別して、「穴掘りネコ」と呼んでいます。スナネコは生息地全域で巣にすんでいますが、キツネかヤマアラシが使わな

スナネコの分布図

くなった巣を利用するか、アレチネズミやジリスの巣を広げて使うか、どちらかです。涼しい季節には、一日が終わって休む前に、巣の入り口でしばらく日光浴をすることもよくあります。

　スナネコはイエネコと同じようにうなったり、カッと唾を飛ばして威嚇したりしますが、イエネコとはまったく違う声も出します。小型犬のキャンキャン吠える声に似ているといわれる大きな吠え声は、オスが交尾期に使いますが、動物園ではオスだけでなくメスもこのような吠え方をします。この大きな声は、砂漠で離れ離れになったオスとメスが互いを探すのに役立ちます。

遊牧民の話によると、サハラでは、夕暮れ時にスナネコが現れて、絞ったばかりのラクダのミルクをひょうたん形の貯蔵容器から飲みます。ニワトリを襲って食べることも多く、ニワトリ小屋の前に仕掛けた罠にかかることがあるといいます。スナネコは、時には人間との間に問題を起こしますが、サハラでは人間から危害を与えられることは少なく、むしろ敬われています。イスラム教徒の伝統では、ワシミミズクやヤツガシラと同じように、スナネコも預言者ムハンマドと娘のファティマに大切にされていたとされているからです。

　小さくて美しいスナネコは、展示すればかなりの人気を集めますが、飼育は難しく、動物園で見かけることはまれです。

保全状況　IUCNレッドリスト－準絶滅危惧（NT）
体　　重　1.4〜3.4kg
体　　長　39〜52cm
尾　　長　23〜31cm
産 子 数　2〜5頭、通常3頭

ジャングルキャット

英名 = **Jungle Catt**　学名 = *Felis chaus*

　2000年以上前、エジプト人はネコを神聖なものとして崇め、飼い慣らし、時には訓練さえして、その姿を壁画や彫像に残しました。ネコは、ネズミから倉庫の穀物を守るために使われることもあれば、狩りのために訓練されることもありました。ネコのミイラを調べた科学者は、遺骸がリビアヤマネコと大型のジャングルキャットの2種であると特定しました。ただし、調査した190体のミイラのうち、ジャングルキャットは3体だけでした。エジプト人がジャングルキャットを飼い慣らしてネズミ捕りをさせた可能性はあるものの、本当に家畜化していたという証拠はありません。それでも、この種はヨーロッパヤマネコ、スナネコ、クロアシネコとともにイエネコ系統に分類されます。

　ジャングルキャットは、実際には「湿地ネコ」「葦ネコ」と呼ぶほうがふさわしいかもしれません。というのも、木が密生したジャングルよりも、丈の高い草原、密生した低木林、湿地、葦原などに好んですむからです。泳ぎが得意で、濡れることをまったく嫌がりません。インドの生息地では、ほとんどの場合、乾燥したまばらな森林や草地にすんでいます。植物が少なく水が十分にない場所でも生き延びることができ、村落の周辺の耕地にすみつくこともあります。アジアの多くの地域では、ジャングルキャットはジャッカルのミニ版のような存在です。げっ歯類を捕食する能力が高く、すむ環境をあまり選ばず、村落や農作物の近くでの生活にも適応できるため、小型ネコの中では最もよく見かけるネコとなっています。

　ジャングルキャットはイエネコよりも体が大きく痩せています。体毛には普通、カラカルやアフリカヤマネコと同じく斑点模様がありませんが、子供の頃の斑点や縞模様が大人になっても足の部分に残っていることがよくあります。黒いジャングルキャットは、パキスタン南部やインドでよく見られます。

ジャングルキャットはアジア全土で一番ありふれた小型ネコ。
適応力が高く、村落に近い耕地や畑でげっ歯類を捕食して生き延びることができる。

ジャングルキャットの斑点のない灰褐色の体毛は、典型的な生息環境である乾燥林や葦原によくなじむ。

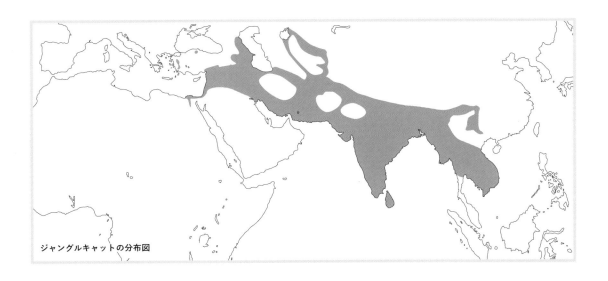

ジャングルキャットの分布図

　ジャングルキャットは、他の多くのネコ科動物のように完全な夜行性というわけではなく、早朝や夕方に狩りをしているところがたびたび目撃されています。鳥を狙うときはほぼ垂直に高くジャンプし、丈の高い茂みで大型ネズミや鳥に飛びかかるときはアーチを描く長いジャンプをします。主食は大型ネズミ、ハツカネズミ、アレチネズミなどの小型哺乳類で、ある調査によると、1日に3～5頭のげっ歯類を食べることがわかりました。げっ歯類の次に重要な食料は鳥で、ロシア南部では水鳥が冬場の主食になっています。凍らない河や沼地など、越冬する水鳥が無数に集まる地域では、葦原の中や湿地帯の縁で狩りをし、傷ついたり弱ったりした鳥を探します。トカゲや小型のヘビも食べますが、逆に大型のヘビの餌食になることもあります。パキスタンでは、ヘビに巻きつかれたジャングルキャットが見つかっていますが、両方とも死んでいて、激しく戦ったことをうかがわせる痕跡がありました。インドでは、ニシキヘビの胃からジャングルキャットの死骸が出てきたこともあります。

　ジャングルキャットは、雑多な獲物以外に果物も食べます。ウズベキスタン南部で行われた調査では、ロシアンオリーブの実が冬場の食物の17%を占めていたといいます。また、村落の近くにすむジャングルキャットは、日頃からニワトリ、アヒル、ガチョウを襲っています。ジャングルキャットは狩猟やわな猟が盛んに行われ、東ヨーロッパでは絶滅の危機にあるとされていますが、雑食性で、人間によって変わってしまった環境を含むさまざまな環境で生き延びる能力があることから、今後も生き残れる可能性がかなり高いでしょう。

保全状況　IUCNレッドリスト－軽度懸念（LC）
体　　重　5～9kg
体　　長　58～75cm
尾　　長　21～27cm
産 子 数　通常3～4頭、最大6頭

謝 辞

　私たちは幸運にも、さまざまな生態環境でネコ科動物の調査を行う機会に恵まれるとともに、ネコ科動物に関する調査研究で得た知見や洞察を快く共有してくださる方々と共同作業する機会にも恵まれました。ネコ科動物に対する私たちの理解は、今は亡きジョン・アイゼンバーグ氏、デブラ・クレイマン氏、グリフ・エウェル氏との会話や、ときどきの「ちょっと一杯」によって大いに深められました。その豊富な知識や経験がどれほどありがたかったことでしょう。また、トラの専門家の方々、とりわけジョン・サイデンスティッカー氏、ウラス・カランス氏、デイブ・スミス氏、フランシー・カスバート氏、ヘメンタ・ミシュラ氏、スシュマ・ミシュラ氏、チャック・マクドウガル氏、エリック・ダイナースタイン氏、デイル・ミケル氏、リンダ・カーレイ氏、川西加恵氏、ピーター・ジャクソン氏、A. J. T. ジョンシン氏、マヘンドラ・シュレストラ氏、ロン・ティルソン氏、フィリップ・ニューフース氏、ヴァルミック・タパール氏、マーガレット・キネアード氏、ティム・オブライエン氏、エリック・ウィクラマナヤカ氏、ペル・ウェッゲ氏との交流や共同作業は本当に楽しいものでした。

　ロッド・ジャクソン氏、トム・マーカーシー氏、レイフ・ブロムクヴィスト氏、故ヘレン・フリーマン氏は、ユキヒョウに関する生態学と保全の問題について、いつも快く議論に応じてくださいました。ラジャン・ラジャラトナム氏とリネッテ・ラジャラトナム氏はボルネオ島のネコ科動物を紹介してくださり、ロン・グラスマン氏、ショーン・オースティン氏、ジェレミー・ホールデン氏、アラン・ラビノウィッツ氏は、東南アジアのネコ科動物に関する私たちの知識不足を補ってくださいました。これらの方々の忍耐強いご協力に感謝いたします。

　ヨーロッパとアフリカでネコ科の研究に取り組んでおられる科学者のジュアン・ベルトラン氏、J. デュ・P. ボスマ氏、クリス・スチュアート氏、ティルデ・スチュアート氏、ウルス・ブライテンモーザー氏、クリスチーヌ・ブライテンモーザー - ビュルステン氏、ヘルムート・ヘマー氏、マーナ・ヘルブスト氏、ルーク・ハンター氏、ポール・ファンストン氏、アンドリュー・キチナー氏、テッド・ベイリー氏、ガス・ミルズ氏、ローレンス・フランク氏、ジャスティナ・レイ氏、アレックス・スリワ氏、ジア・オルブリヒト氏、フィリップ・スタンダー氏、フィリップ・スタール氏、クシシュトフ・シュミット氏、オロフ・リーベルグ氏、ラース・ヴェルデリン氏との意見交換も大変有意義なものでした。また、ローリー・マーカー氏とティム・キャロ氏は、チーターの生態について、これ以上は考えられないほどすばらしいレクチャーをしてくださいました。

　中南米のネコ科動物についての私たちの理解は、アンドレス・ノヴァロ氏、スーザン・ウォーカー氏、ダニエル・スコグナミロ氏、イネス・マキシット氏、ローラ・ファレリ氏、ジョー・ローマン氏、マーク・ラドロー氏、ラファエル・サミュディオ氏、アンソニー・ジョルダーノ氏、フランシスコ・ビスバル氏、マルチェロ・アランダ氏、ローランド・ケイズ氏、ウィリアム・フランクリン氏、マリアネラ・ヴェリラ氏、マリオ・ディ・ビテッティ氏、ジョン・ポリスター氏、アンソニー・ノヴァック氏、タデウ・ド・オリヴェイラ氏、エデュアルド・シルヴァ氏、アンドリュー・テイバー氏、アンディ・ノス氏、アグスティン・イ

リアルテ氏、ラファエル・フーゲスティン氏、アルチューロ・カーソ氏、マイケル・テュース氏、ハワード・クイグレー氏、アラン・ラビノウィッツ氏、ジム・サンダーソン氏、ルイーズ・エモンズ氏、ピーター・クラウショー氏、ケント・レッドフォド氏、リン・ブランチ氏、ブライアン・ミラー氏、そして今は亡きエドガルド・モンドルフィ氏とトーマス・ブローム氏との対話によって豊かなものになりました。

　いつも喜んでピューマについて語り、情報を共有してくださった同僚のマーティン・ジャルコッツィ氏、ゲイリー・ケラー氏、ケン・ローガン氏、リンダ・スウィノー氏、モーリス・ホーノッカー氏、クリス・ベルデン氏、ダレル・ランド氏、デイブ・オノラルト氏、メイダン・オリ氏、ジェフ・ホステトラー氏、ロイ・マクブライド氏、そして今は亡きデイブ・マヘル氏とイアン・ロス氏にも心から感謝しています。カナダオオヤマネコに関する情報収集に協力してくださったキム・プール氏とブライアン・スラウ氏にもお礼申し上げます。

　ジム・メレン氏、クリステン・ノウェル氏、クリス・ウェマー氏、ジョン・ギットルマン氏、ジョージ・シャーラー氏、エデュアルド・エイジリク氏、デヴィッド・ウィルト氏、グスタフ・ピーターズ氏、ブレア・ヴァン・フォルケンバーグ氏、トッド・フラー氏、ジー・マザック氏、スティーブン・オブライエン氏、ウォレン・ジョンソン氏、カルロス・ドリスコル氏の知識や経験は、ネコ科動物の生態、習性、形態学、遺伝学に対する私たちの理解を大いに引き上げてくださいました。本当に多くのことを学ばせていただいたことに深く感謝いたします。

　飼育下にあるネコ科動物の習性について情報を提供してくださったシンシナティ動物園のパット・ギャラハン氏とウィリアム・スワンソン氏にもお礼申し上げます。お二人の観察によって、本書の内容がより生き生きしたものになりました。

　本書のために快く写真を提供してくださったダーメンドラ・カンダル氏、ウラス・カランス氏、エレノア・ブリッグズ氏、ロッド・ジャクソン氏、モハマッド・ファハディニア氏、アンディ・ハーン氏、ジョアンナ・ロス氏、ローリー・マーカー氏、アンドレアス・ウィルティング氏、アズラン・モハメッド氏、フェルナンド・ヴィダル氏、リンダ・ホック氏、ピーター・ホック氏、ジョアンナ・ターナー氏、ジェレミー・ホールデン氏、セバスチャン・ケンナークネヒト氏、タデウ・ド・オリヴェイラ氏、アレックス・スリワ氏、ジム・サンダーソン氏にも感謝いたします。

　また、分布図をプロフェッショナルに仕上げてくださったデール・ジョンソン氏にお礼申し上げます。

　いつもそばにいて、作業が予定通り進むよう支え、励まし続けてくださったベティ・ロマノ氏、ベヴ・リッター氏、フランク・セロン氏、クレア・サンクィスト氏、トラヴィス・ブランデン氏にも感謝いたします。

　最後に、テリー・ホイットテイカー氏は、種の説明にぴったりの写真を見つけるためのあらゆる作業を快く、かつプロフェッショナルにこなしてくださいました。ご自身のすばらしい写真を撮影する時間を削って忍耐強くご協力いただいたことに感謝の意を表したいと思います。

参 考 文 献

ライオン

Davidson, Z., M. Valeix, A. J. Loveridge, H. Madzikanda, and D. W. Macdonald. 2011. "Socio-Spatial Behaviour of an African Lion Population Following Perturbation by Sport Hunting." Biological Conservation 144: 114–21.

Eloff, F. 2002. *Hunters of the Dunes: The Story of the Kalahari Lion*. Cape Town: Sunbird Publishing.

Funston, P. J. 2001. "On the Edge: Dying and Living in the Kalahari." *Africa Geographic* (September): 60–67.

Hayward, M. W., and G. I. H. Kerley. 2005. "Prey Preferences of the Lion (*Panthera leo*)." *Journal of Zoology* 267: 309–22.

Hemmer, H. 2011. "The Story of the Cave Lion— *Panthera leo spelaea* (Goldfuss, 1810): A Review." *Quaternaire,* Hors-série 4: 201–8.

Hunter, L. T. B., P. White, P. Henschel, L. Frank, C. Burton, A. Loveridge, G. Balme, C. Breitenmoser, and U. Breitenmoser. 2013. "Walking with lions: Why There Is No Role for Captive-Origin Lions *Panthera leo* in Species Restoration." *Oryx* 47: 19–24.

Lindsey, P. A., G. A. Balme, V. R. Booth, and N. Midlane. 2012. "The Significance of African Lions for the Financial Viability of Trophy Hunting and the Maintenance of Wildland." *PLoS ONE* 7(1): e29332. DOI: 10.1371journal.pone.0029332

Loveridge, A. J., G. Hemson, Z. Davidson, and D. W. Macdonald. 2010. "African Lions on the Edge: Reserve Boundaries as 'Attractive Sinks.'" In *Biology and Conservation of Wild Felids*, ed. D. W. Macdonald and A. J. Loveridge, 283–304. Oxford: Oxford University Press.

Meena, V. 2009. "Variation in Social Organization of Lions with Particular Reference to the Asiatic Lions *Panthera leo persica* (Carnivora: Felidae) of the Gir Forest, India." *Journal of Threatened Taxa* 1: 158–65.

Mosser, A., and C. Packer. 2009. "Group Territoriality and the Benefits of Sociality in the African Lion, *Panthera leo*." *Animal Behaviour* 78: 359–70.

Packer, C., H. Brink, B. M. Kissui, H. Maliti, H. Kushnir, and T. Caro. 2010. "Effects of Trophy Hunting of Lions and Leopard Populations in Tanzania." *Conservation Biology* 25: 142–53.

Packer, C., M. Kosmala, H. S. Cooley, H. Brink, L. Pintea, D. Garshelis et al. 2009. "Sport Hunting, Predator Control and Conservation of Large Carnivores." *PLoS ONE* 4(6): e5941. DOI:10.1371/journal.pone.0005941

Packer, C., A. Loveridge, S. Canney, T. Caro et al. 2013. "Conserving Large Carnivores: Dollars and Fence." *Ecology Letters* (2013). DOI: 10.1111/ele.12091

Patterns, B. D., R. W. Kays, S. M. Kasiki, and V.M. Sebestyen. 2006. "Developmental Effects of Climate on the Lion's Mane (*Panthera leo*)." *Journal of Mammalogy* 87: 193–200.

Power, R. J., and R. X. Shem Compion. 2009. "Lion Predation on Elephants in the Savuti, Chobe National Park, Botswana." *African Zoology* 44: 36–44.

Stander, P. 2007. "Behaviour-Ecology and Conservation of Desert-Adapted Lions." Progress Report of the Kunene Lion Project, Namibia. March 2007. www.desertlion.info.

Stuart, A. J., and A. M. Lister. 2010. "Extinction Chronology of the Cave Lion *Panthera spelaea*." *Quarternary Science Reviews*. DOI:10.1016/j.quascirev.2010.04.023

West, P. M. 2005. "The Lion's Mane." *American Scientist* 93: 226–35.

West, P. M., and C. Packer. 2002. "Sexual Selection, Temperature, and the Lion's Mane." *Science* 297: 1339–43.

Yamaguchi, N., A. Cooper, L. Verdelin, and D. W. Macdonald. 2004. "Evolution of the Mane and Group-Living in the Lion (*Panthera leo*): A Review." *Journal of Zoology* 263: 329–42.

ジャガー

Cavalcanti, S. M. C., and E. M. Gese. 2010. "Kill Rates and Predation Patterns of Jaguars (*Panthera onca*) in Southern Pantanal, Brazil." *Journal of Mammalogy* 91: 722–36.

Da Silveira, R., E. E. Ramalho, J. B. Thorbjarnarson, and W. E. Magnusson. 2010. "Depredation by Jaguars on Caimans and Importance of Reptiles in the Diet of Jaguar." *Journal of Herpetology* 44: 418–24.

Harmsen, B. J., R. J. Foster, S. C. Silver, L. E. T. Ostro, and C. P. Doncaster. 2010. "The Ecology of Jaguars in the Cockscomb Basin Wildlife Sanctuary, Belize." *In Biology and Conservation of Wild Felids*, ed. D. W. Macdonald and A. J. Loveridge, 403–16. Oxford: Oxford University Press.

Harmsen, B. J., R. J. Foster, S. C. Silver, L. E. T. Ostro, and C. P. Doncaster. 2011. "Jaguar and Puma Activity Patterns in Relation to Their Main Prey." *Mammalian Biology* 76: 320–24.

McCain, E. B., and J. L. Childs. 2008. "Evidence of Resident Jaguars (*Panthera onca*) in the Southwestern United States and Implications for Conservation." *Journal of Mammalogy* 89: 1–10.

Novack, A. J., M. B. Main, M. E. Sunquist, and R. F. Labisky. 2005. "Foraging Ecology of Jaguar (*Panthera onca*) and Puma (*Puma concolor*) in Hunted and Non-Hunted Sites within the Maya Biosphere Reserve, Guatemala." *Journal of Zoology* 267: 167–78.

Polisar, J., I. Maxit, D. Scognamillo, L. Farrell, M. E. Sunquist, and J. F. Eisenberg. 2003. "Jaguars, Pumas, Their Prey Base, and Cattle Ranching: Ecological Interpretations of a Management Problem." *Biological Conservation* 109: 297–310.

Tôrres, N. M., P. Marco Jr., J. A. F. D. Filho, and L. Silveira. 2008. "Jaguar Distribution in Brazil: Past, Present and Future." *Cat News Special* Issue no. 4: 4–8.

トラ

Andheria, A. P., K. U. Karanth, and N. S. Kumar. 2007. "Diet and Prey Profiles of Three Sympatric Large Carnivores in Bandipur Tiger Reserve, India." *Journal of Zoology* 273: 169–75.

Chapron, G., D. G. Miquelle, A. Lambert, J. M. Goodrich, S. Legendre, and J. Clobert. 2008. "The Impact of Poaching versus Prey Depletion on Tigers and Other Large Solitary Felids." *Journal of Applied Ecology* 45: 1667–74.

Dhanwatey, H. S., J. C. Crawford, L. A. S. Abade, P. H. Dhanwatey, C. K. Nielsen, and C. Sillero-Zubiri. 2013. "Large Carnivore Attacks on Humans in Central India: A Case Study from the Tadoba-Andhari Tiger Reserve." *Oryx* 47: 221–27.

Dinerstein, E., C. Loucks, E. Wikramanayake, J. Ginsberg, E. Sanderson, J. Seidensticker et al. 2007. "The Fate of Wild Tigers." *BioScience* 57: 508–14.

Goodrich, J. M., L. L. Kerley, E. N. Smirnov, D. G. Miquelle, L. McDonald, H. B. Quigley, M. G. Hornocker, and T. McDonald. 2008. "Survival Rates and Causes of Mortality of Amur Tigers on and near the Sikhote-Alin Biosphere Zapovednik." *Journal of Zoology* 276: 323–29.

Goodrich, J. M., D. G. Miquelle, E. N. Smiornov. L. L. Kerley, H. B. Quigley, and M. G. Hornocker. 2010. "Spatial Structure of Amur (Siberian) Tigers (*Panthera tigris altaica*) on Sikhote-Alin Biosphere Zapovednik, Russia." *Journal of Mammalogy* 91: 737–48.

Jhala, Y. V., R. Gopal, and Q. Qureshi, eds. 2008. *Status of the Tigers, Co-Predators, and Prey in India*. National Tiger Conservation Authority, Govt. of India, New Delhi, and Wildlife Institute of India, Dehradun. TR 08/001 pp-151.

Karanth, K. U., A. M. Gopalaswamy, N. S. Kumar, M. Delampady, J. D. Nichols, J. Seidensticker, B. R. Noon, and S. L. Pimm. 2011. "Counting India's Wild Tigers Reliably." *Science* 332: 791.

Karanth, K. U., A. M. Gopalaswamy, N. S. Kumar, S. Vaidyanathan, J. D. Nichols, and D. I. MacKenzie. 2011. "Monitoring Carnivore Populations at the Landscape Scale: Occupancy Modeling of Tigers from Sign Surveys." *Journal of Applied Ecology* 48: 1048–56.

Karanth, K. U., J. D. Nichols, N. S. Kumar, and J. E.

Hines. 2006. "Assessing Tiger Population Dynamics Using Photographic Capture-Recapture Sampling." *Ecology* 87: 2925–37.

Kitchener, A. C., and N. Yamaguchi. 2010. "What Is a Tiger? Biogeography, Morphology, and Taxonomy." In *Tigers of the World: The Science, Politics, and Conservation of Panthera tigris,* 2nd ed., ed. R. Tilson and P. J. Nyhus, 53–84. London: Elsevier.

Miquelle, D. G., J. M. Goodrich, E. N. Smirnov, P. A. Stephens, O. Y. Zaumyslova, G. Chapron, L. Kerley, A. A. Murzin, M. G. Hornocker, and H. B. Quigley. 2010. "Amur Tiger: A Case Study of Living on the Edge." In *Biology and Conservation of Wild Felids*, ed. D. W. Macdonald and A. J. Loveridge, 325–39. Oxford: Oxford University Press.

Rayan, D. M., and S. Wan Mohamad. 2009. "The Importance of Selectively Logged Forests for Tiger *Panthera tigris* Conservation: A Population Density Estimate in Peninsular Malaysia." *Oryx* 43: 48–51.

Seidensticker, J. 2010. "Saving Wild Tigers: A Case Study in Biodiversity Loss and Challenges to Be Met for Recovery Beyond 2010." *Integrative Zoology* 5: 285–99.

Seidensticker, J., E. Dinerstein, S. P. Goyal, B. Gurung, A. Harihar, A. J. T. Johnsingh, A. Manandhar, C. W. McDougal, B. Pandav. M. Shrestha, J. L. D. Smith, M. Sunquist, and E. Wikramanayake. 2010. "Tiger Range Collapse and Recovery at the Base of the Himalayas." In *Biology and Conservation of Wild Felids*, ed. D. W. Macdonald and A. J. Loveridge, 305–23. Oxford: Oxford University Press.

Singh, R., A. Majumder, K. Sankar, Q. Qureshi, S. P. Goyal, and P. Nigam. 2013. "Interbirth Interval and Litter Size of Free-Ranging Bengal Tiger (*Panthera tigris tigris*) in Dry Tropical Deciduous Forests of India." *European Journal of Wildlife Research*. DOI: 10.1007/s10344-013-0713-z

Tilson, R., and P.,J. Nyhus, eds. 2010. *Tigers of the World: The Science, Politics, and Conservation of Panthera tigris*, 2nd ed. London: Elsevier.

Walston, J., J. G. Robinsin, E. L. Bennett et al. 2010. "Bringing the Tiger Back from the Brink—the Six Percent Solution." *PLoS Biol* 8: e1000485. DOI:10.1371/journal.pbio.1000485

ユキヒョウ

Anwar, M. B., R. Jackson, M. S. Nadeem, J. E. Janecka, S. Hussain, M. A. Beg, G. Muhammad, and M. Qayyum. 2011. "Food Habits of the Snow Leopard Panthera uncia (Schreber, 1775) in Baltistan, Northern Pakistan." *European Journal of Wildlife Research* 57: 1077–83.

Jackson, R. M., C. Mishra, T. M. McCarthy, and S. B. Ale. 2010. "Snow Leopards: Conflict and Conservation." In *Biology and Conservation of Wild Felids*, ed. D. W. Macdonald and A. J. Loveridge, 417–30. Oxford: Oxford University Press.

Mishra, C., P. Allen, T. McCarthy, M. D. Madhusudan, A. Bayarjargal, and H. H. T. Prins. 2003. "The Role of Incentive Programs in Conserving the Snow Leopard." *Conservation Biology* 17: 1512–20.

ヒョウ

Athreya, V., M. Odden, J. D. C. Linnell, J. Krishnaswamy, and U. Karanth. 2013. "Big Cats in Our Backyards: Persistence of Large Carnivores in a Human Dominated Landscape in India." *PLoS ONE* 8(3): e57872. DOI:101371/journal. pone.0057872

Bailey, T. N. 1993. *The African Leopard*. New York: Columbia University Press.

Balme, G. A., A. Batchelor, N. de Woronin Britz, G. Seymour, M. Grover, L. Hes, D. W. Macdonald, and L. T. B. Hunter. 2012. "Reproductive Success of Female Leopards *Panthera pardus*: The Importance of Top-Down Processes." *Mammal Review*. DOI: 10.1111/j.1365-2907.2012.00219.x

Bothma, J. Du P. and R. J. Coertze. 2004. "Motherhood Increases Hunting Success in Southern Kalahari Leopards." *Journal of Mammalogy* 85: 756–60.

———. 2005. "Scent-Marking Frequency in Southern Kalahari Leopards." *South African Journal of Wildlife Research* 34: 163–69.

Dhanwatey, H. S., J. C. Crawford, L. A. S. Abade, P. H. Dhanwatey, C. K. Nielsen, and C. Sillero-Zubiri. 2013. "Large Carnivore Attacks on Humans in Central India: A Case Study from the Tadoba-Andhari Tiger Reserve." *Oryx* 47: 221–27.

Eizirik, E., N. Yuki, W. E. Johnson, M. Menotti-Raymond, S. S. Hannah, and S. J. O'Brien. 2003. "Molecular Genetics and Evolution of Melanism in the Cat Family." *Current Biology* 13: 448–53.

Henschel, P., L. T. B. Hunter, L. Coad, K. A. Abernethy, and M. Muhlenberg. 2011. "Leopard Prey Choice in the Congo Basin Rainforest Suggests Exploitative Competition with Human Bushmeat Hunters." *Journal of Zoology*. DOI: 10.1111/j.1469-7998.2011.00826.x

Kawanishi, K., M. E. Sunquist, E. Eizirik, A. J. Lynam, D. Ngoprasert, W. N. Wan Shahruddin, D. M. Rayan, D. S. K. Sharma, and R. Steinmetz. 2010. "Near Fixation of Melanism in Leopards of the Malay Peninsula." *Journal of Zoology* 282: 201–6.

Ortolani, A., and T. M. Caro. 1996. "The Adaptive Significance of Color Patterns in Carnivores: Phylogenetic Tests of Classic Hypotheses." In *Carnivore Behaviour, Ecology and Evolution*, vol. 2, ed. J. Gittleman, 132–88. Ithaca: Cornell University Press.

Packer, C., H. Brink, B. M. Kissui, H. Maliti, H. Kushnir, and T. Caro. 2010. "Effects of Trophy Hunting on Lion and Leopard Populations in Tanzania." *Conservation Biology* 25: 142–53.

Schneider, A., V. A. David, W. E. Johnson, S. J. O'Brien, G. S. Barsh, M. Menotti-Raymond, and E. Eizirik. 2012. "How the Leopard Hides Its Spots: *ASIP* Mutations and Melanism in Wild Cats." *PLoS ONE* 7(12): e50386. DOI: 10.13o71/journal/pone. 0050386

ウンピョウ

Buckley-Beason, V. A., W. E. Johnson, W. G. Nash, R. Stanyon, J. C. Menninger, C. A. Driscoll, J. G. Howard, M. Bush, J. E. Page, M. E. Roelke, G. Stone, P. P. Martelli, C. Wen, L. Ling, R. K. Duraisingam, P. V. Lam, and S. J. O'Brien. 2006. "Molecular Evidence For Species-Level Distinctions in Clouded Leopards." *Current Biology* 16: 2371–76.

Christiansen, P. 2006. "Sabretooth Characters in the Clouded Leopard (*Neofelis nebulosa* Griffith, 1821)." *Journal of Morphology* 267: 1186–98.

———. 2008. "Species Distinction and Evolutionary Differences in the Clouded Leopard (*Neofelis nebulosa*) and Diard's Clouded Leopard (*Neofelis diardi*)." *Journal of Mammalogy* 89: 1435–46.

Grassman, L. I., Jr., M. E. Tewes, N. J. Silvy, and K. Kreetiyutanont. 2005. "Ecology of Three Sympatric Felids in a Mixed Evergreen Forest in North-Central Thailand." *Journal of Mammalogy* 86: 29–38.

Kitchener, A. C., M. A. Beaumont, and D. Richardson. 2006. "Geographical Variation in the Clouded Leopard, *Neofelis nebulosa*, Reveals Two Species." *Current Biology* 16: 2377–83.

Ross, J., A. J. Hearn, P. J. Johnson, and D. W. Macdonald. 2013. "Activity Patterns and Temporal Avoidance by Prey in Response to Sunda Clouded Leopard Predation Risk." *Journal of Zoology* 290: 96–106.

ボルネオヤマネコ

Azlan, J. M., and J. Sanderson. 2007. "Geographic Distribution and Conservation Status of the Bay Cat *Catopuma badia*, a Bornean Endemic." *Oryx* 41: 394–97.

Kitchener, A. C., S. Yasuma, M. Andau, and P. Quillen. 2004. "Three Bay Cats (*Catopuma badia*) from Borneo." *Mammalian Biology* 69: 349–53.

Sunquist, M., C. Leh, F. Sunquist, D. M. Hills, and R. Rajaratnam. 1994. "Rediscovery of the Bornean Bay Cat." *Oryx* 28: 67–70.

マーブルドキャット

Grassman, L. I., Jr., M. E. Tewes, N. J. Silvy, and K. Kreetiyutanont. 2005. "Ecology of Three Sympatric Felids in a Mixed Evergreen Forest in North-Central Thailand." *Journal of Mammalogy* 86: 29–38.

Mohamed, A., H. Samejima, and A. Wilting. 2009. "Records of Five Bornean Cat Species from Deramakot Forest Reserve in Sabah, Malaysia." *Cat News* 51: 14–17.

Wibisono, H. T., and J. McCarthy. 2010. "Melanistic Marbled Cat from Bukit Barisan Selatan National Park, Sumatra, Indonesia." *Cat News* 52: 9–10.

アジアゴールデンキャット

Azlan, J. M., and D. S. K. Sharma. 2008. "The Diversity and Activity Patterns of Wild Felids in a Secondary Forest in Peninsular Malaysia." *Oryx* 40: 36–41.

Bashir, T., T. Bhattacharya, K. Poudyal, and S. Sathyakumar. 2011. "Notable Observations on the Melanistic Asiatic Golden Cat (*Pardofelis temminckii*) of Sikkim, India." *NeBIO* 2: 1–4.

Kawanishi, K., and M. E. Sunquist. 2008. "Food Habits and Activity Patterns of the Asiatic Golden Cat (*Catopuma temminckii*) and Dhole (*Cuon alpinus*) in a Primary Rainforest of Peninsular Malaysia." *Mammal Study* 33: 173–77.

Lim, L. B. 2002. "Distribution and Food-Habits of the Golden Cat (*Catopuma temminckii*) in Peninsular Malaysia." *Journal of Wildlife and Parks* 20: 43–48.

サーバル

Geertsema, A. A. 1985. "Aspects of the Ecology of the Serval *Leptailurus serval* in the Ngorongoro Crater, Tanzania." *Netherlands Journal Zoology* 35: 527–610.

Hunter, L. 2000. "The Serval—High-Rise Hunter." *African-Environment and Wildlife*, 34–40.

カラカル

Braczkowsi, A., L. Watson, D. Coulson, J. Lucas, B. Peiser, and M. Rossi. 2012. "The Diet of Caracal, *Caracal caracal*, in Two Areas of the Southern Cape, South Africa, as Determined by Scat Analysis." *South African Journal of Wildlife Research* 42: 111–16.

Marker, L., and A. Dickman. 2005. "Notes on the Spatial Ecology of Caracals (*Felis caracal*), with Particular Reference to Namibian Farmlands." *African Journal of Ecology* 43: 73–76.

Melville, H. I. A. S., J. DuP. Bothma, and M. G. L. Mills. 2004. "Prey Selection by Caracal in the Kgalagadi Transfrontier Park." *South African Journal of Wildlife Research* 34: 67–75.

Mukherjee, S., S. P. Goyal, A. J. T. Johnsingh, and M. R. P. L. Pitman. 2004. "The Importance of Rodents in the Diet of Jungle Cat (*Felis chaus*), Caracal (*Caracal caracal*) and Golden Jackal (*Canis aureus*) in Sariska Tiger Reserve, Rajasthan, India." *Journal of Zoology* 262: 405–11.

Stuart, C., and T. Stuart. 2007. "Diet of Leopard and Caracal in the Northern United Arab Emirates and Adjoining Oman Territory." *Cat News* 46: 30–31.

アフリカゴールデンキャット

Hart, J. A., M. K. Katembo, and K. Punga. 1996. "Diet, Prey Selection and Ecological Relations of Leopard and Golden Cat in the Ituri Forest, Zaire." *African Journal of Ecology* 34: 364–79.

Ray, J., and M. E. Sunquist. 2001. "Trophic Relations in a Community of African Rainforest Carnivores." *Oecologia* 127: 395–408.

Ray, J. C., and T. M. Butynski. 2013. "*Profelis aurata* African Golden Cat." In *Mammals of Africa*. Vol. 5: *Carnivores, Pangolins, Equids and Rhinoceroses*, ed. J. Kingdom and M. Hoffman, 168–73. London: Bloomsbury.

オセロット

Abreu, K. C., R. F. Moro-Rios, J. E. Silva-Pereira, J. M. D. Miranda, E. F. Jablonski, and F. C. Passos. 2007. "Feeding Habits of Ocelot (*Leopardus pardalis*) in Southern Brazil." *Mammalian Biology* 73: 407–11.

DiBitetti, M. S., C. D. De Angelo, Y. E. Di Blanco, and A. Paviolo. 2010. "Niche Partioning and Species Coexistence in a Neotropical Felid Assemblage." *Acta Oecologica* 36: 403–12.

Haines, A. M., M. E. Tewes, and L. L. Laack. 2005. "Survival and Sources of Mortality in Ocelots." *Journal of Wildlife Management* 69: 255–63.

Laack, L. L., M. E. Tewes, A. M. Haines, and J. H. Rappole, 2005. "Reproductive Life History of Ocelots *Leopardus pardalis* in Southern Texas." *Acta Theriologica* 50: 505–14.

Silva-Pereira, J. E., R. F. Moro-Rios, D. R. Bilski, and F. C. Passos. 2011. "Diets of Three Sympatric Neotropical Small Cats: Food Niche Overlap and Interspecies Differences in Prey Consumption." *Mammalian Biology* 76: 308–12.

Villa Meza, A. de, E. M. Meyer, and C. A. Lopez González. 2002. "Ocelot (*Leopardus pardalis*) Food Habits in a Tropical Deciduous Forest of Jalisco, Mexico." *American Midland Naturalist* 148: 146–54.

マーゲイ

Oliveira, T. G. de 1998. "*Leopardus wiedii*." *Mammalian Species* 579: 1–6.

ジョフロイキャット

Bisceglia, S. B. C., J. A. Pereira, P. Testa, and R. D. Quintana. 2008. "Food Habits of Geoffroy's Cat (*Leopardus geoffroyi*) in the central Monte Desert of Argentina." *Journal of Arid Environments* 72: 1120–26.

Canepuccia, A. D., M. M. Martinez, and A. I. Vassallo. 2007. "Selection of Waterbirds by Geoffroy's Cat: Effects of Prey Abundance, Size, and Distance." *Mammalian Biology* 72: 163–73.

Manfredi, C., M. Lucherini, A. D. Canepuccia, and E. B. Casanave. 2004. "Geograpical Variation in the Diet of Geoffroy's Cat (*Oncifelis geoffroyi*) in Pampas Grassland of Argentina." *Journal of Mammalogy* 85: 1111–15.

Pereira, J. A., N. G. Fracassi, V. Rago, H. Ferreyra, C. A. Marull, D. McAloose, and M. M. Uhart. 2010. "Causes of Mortality in a Geoffroy's Cat Population—A Long-Term Survey Using Diverse Recording Methods." *European Journal of Wildlife Research* 56: 939–42.

Soler, L., M. Lucherini, C. Manfredi, M. Ciuccio, and E. B. Casanave. 2009. "Characteristics of Defecation Sites of the Geoffroy's cat *Leopardus geoffroyi*." *Mastozoologia Neotropical* 16: 485–89. Sousa, K. S., and A. Bager. 2008. "Feeding Habits of Geoffroy's cat (*Leopardus geoffroyi*) in Southern Brazil." *Mammalian Biology* 73: 303–8.

Sousa, K. S., and A. Bager. 2008. "Feeding Habits of Geoffroy's cat (Leopardus geoffroyi) in Southern Brazil." Mammalian Biology 73: 303–8.

コドコド

Dunstone, N., L. Durbin, I. Wyllie, R. Freer, G. Acosta-Jamett, M. Mazzolli, and S. Rose. 2002. "Spatial Ecology, Ranging Behaviour and Habitat Use of the Kodkod (*Oncifelis guigna*) in Southern Chile." *Journal of Zoology* 257: 1–11.

Freer, R. A. 2004. "The Spatial Ecology of the Güiña (*Oncifelis guigna*) in Southern Chile." PhD diss., University of Durham, UK.

Sanderson, J., M. E. Sunquist, and A. W. Iriarte. 2002. "Natural History and Landscape-Use of Guignas (*Oncifelis guigna*) on Isla Grande de Chiloe, Chile." *Journal of Mammalogy* 83: 608–13.

Silva-Rodriguez, E. A., G. R. Ortega-Solis, and J. E. Jimenez. 2007. "Human Attitudes toward Wild Felids in a Human-Dominated Landscape of Southern Chile." *Cat News* 46: 19–21.

アンデスキャット

Cossios, D., R. S. Walker, M. Lucherini, M. Ruiz-Garcia, and B. Angers. 2012. "Population Structure and Conservation of a High-Altitude Specialist, the Andean Cat *Leopardus jacobita*." *Endangered Species Research* 16: 283–94.

Delgado, E., L. Villalba, J. Sanderson, C. Napolitano, M. Berna, and J. Esquivel. 2004. "Capture of an Andean Cat in Bolivia." *Cat News* 40: 2.

Di Martino, S., A. Novaro, and S. Walker. 2008. "New Records of the Andean Cat (*Leopardus jacobita*) in Neuquén Province, Patagonia, Argentina." Wildlife Conservation Society, September.

Marino, J., M. Lucherini, M. L. Villalba, M. Bennett, D. Cossíos, A. Iriarte, P. G. Perovic, and C. Sillero-Zubiri. 2010. "Highland Cats: Ecology and Conservation of the Rare and Elusive Andean Cat." In *Biology and Conservation of Wild Felids*, ed. D. W. Macdonald and A. J. Loveridge, 581–96. Oxford: Oxford University Press.

Napolitano, C., M. Bennett, W. E. Johnson, S. J. O'Brien, P. A. Marquet, I. Barría, E. Poulin, and A. Iriarte. 2008. "Ecological and Biogeographical Inferences on Two Sympatric and Enigmatic Andean Cat Species Using Genetic Identification of Faecal Samples." *Molecular Ecology* 17: 678–90.

Villalba, L., M. Lucherini, S. Walker, D. Cossíos, A. Iriarte, J. Sanderson, G. Gallardo, F. Alfaro, C. Napolitano, and C. Sillero-Zubiri. 2004. *The Andean Cat: Conservation Action Plan*. La Paz, Bolivia: Andean Cat Alliance.

Walker, R. S., A. J. Novaro, P. Perovic, R. Palacios, E. Donadio, M. Lucherini, M. Pia, and M. S. López. 2007. "Diets of Three Species of Andean Carnivores in High-Altitude Deserts of Argentina." *Journal of Mammalogy* 88: 519–25.

ジャガーキャット

Silva-Pereira, J. E., R. F. Moro-Rios, D. R. Bilski, and F. C. Passos. 2011. "Diets of Three Sympatric Neotropical Small Cats: Food Niche Overlap and Interspecies Differences in Prey Consumption." *Mammalian Biology* 76: 308–12.

Trigo, T. C., A. Schneider, T. G. de Oliveira, L. M. Lehugeur, L. Silveira, T. R. O. Freitas, and E. Eizirik. 2013. "Molecular Data Reveal Complex Hybridization and a Cryptic Species of Neotropical Wild Cat." *Current Biology*. http://dx.DOI.org/10.1016/j.cub.2013.10.046

Wang, E. 2002. "Diets of Ocelots (*Leopardus pardalis*), Margays (*L. wiedii*), and Oncillas (*L. tigrinus*) in the Atlantic Rainforest in Southeast Brazil." *Studies on Neotropical Fauna and Environment* 37: 207–12.

パンパスキャット

Cossios, D., M. Lucherini, M. Ruiz-Garcia, and B. Angers. 2009. "Influence of Ancient Glacial Periods on the Andean Fauna: The Case of the Pampas Cat (*Leopardus colocolo*)." *BMC Evolutionary Biology* 9. DOI:10.1186/1471-2148-9-68

Napolitano, C., M. Bennett, W. E. Johnson, S. J. O'Brien, P. A. Marquet, I. Barria, E. Poulin, and A. Iriarte. 2008. "Ecological and Biogeographical Inferences on Two Sympatric and Enigmatic Andean Cat Species Using Genetic Identification of Faecal Samples." *Molecular Ecology* 17: 678–90.

Silveira, L. A., T. A. Jacomo, and M. M. Furtado. 2005. "Pampas Cat Ecology and Conservation in the Brazilian Grasslands." Project of the Month. Cat Specialist Group. http://www.catsg.org/catsgportal/project-o-month/02_webarchive/grafics/sept2005.pdf.

Walker, R. S., A. J. Novaro, P. Perovic, R. Palacios, E. Donadio, M. Lucherini, M. Pia, and M. S. Lopez. 2007. "Diets of Three Species of Andean Carnivores in High-Altitude Deserts of Argentina." *Journal of Mammalogy* 88: 519–25.

ユーラシアオオヤマネコ

Breitenmoser, U., Ch. Breitenmoser-Wursten, S. Capt, A. Molinari-Jobin, P. Molinari, and F. Zimmermann. 2007. "Conservation of the Lynx *Lynx lynx* in the Swiss Jura Mountains." *Wildlife Biology* 13: 340–55.

Breitenmoser-Wursten, Ch., F. Zimmerman, F. Stahl, J.-M. Vandel, A. Molinari-Jobin, P. Molinari, S. Capt, and U. Breitenmoser. 2007. "Spatial and Social Stability of a Eurasian Lynx *Lynx lynx* Population: An Assessment of 10 Years of Observation in the Jura Mountains." *Wildlife Biology* 13: 365–80.

Heurich, M., L. Most, G. Schauberger, H. Reulen, P. Sustr, and T. Hothorn. 2012. "Survival and Causes of Death of European Roe Deer Before and After Eurasian Lynx Reintroduction in the Bavarian Forest National Park." *European Journal of Wildlife Research* 58: 567–78.

Mayer, K., E. Belotti, L. Bufka, and M. Heurich. 2012. "Dietary Patterns of the Eurasian Lynx (*Lynx lynx*) in the Bohemian Forest." *Säugetierkundliche Informationen* 45: 447–53.

Mejlgaard, T., L. E. Loe, J. Odden, J. D. C. Linnell, and E. B. Nilsen. 2013. "Lynx Prey Selection for Age and Sex Classes of Roe Deer Varies with Season." *Journal of Zoology* 289: 222–28.

Molinari, P., R. Bionda, G. Carmignola, M. Catello et al. 2006. "Status of the Eurasian Lynx (*Lynx lynx*) in the Italian Alps: An Overview 2000–2004." *Acta Biologica Slovenica* 49: 13–18.

Molinari-Jobin, A., P. Molinari, Ch. Breitenmoser-Wursten, and U. Breitenmoser. 2002. "Significance of Lynx *Lynx lynx* Predation for Roe Deer *Capreolus capreolus* and Chamois *Rupicapra rupicapra* Mortality in the Swiss Jura Mountains." *Wildlife Biology* 8: 109–15.

Molinari-Jobin, A., F. Zimmermann, A. Ryser, P. Molinari, H. Haller, Ch. Breitenmoser-Wursten, S. Capt, R. Eyholzer, and U. Breitenmoser. 2007. "Variation in Diet, Prey Selectivity and Home-Range Size of Eurasian Lynx *Lynx lynx* in Switzerland." *Wildlife Biology* 13: 393–405.

Odden, J., I. Herfindal, J. D. C. Linnell, and R. Andersen. 2008. "Vulnerability of Domestic Sheep to Lynx Predation in Relation to Roe Deer Density." *Journal Wildlife Management* 72: 276–82.

Vandel, J.-M., P. Stahl, V. Herrenschmidt, and E. Marboutin. 2006. "Reintroduction of the Lynx in the Vosges Mountain Massif: From Animal Survival and Movements to Population Development." *Biological Conservation* 131: 370–85.

Von Arx, M., and U. Breitenmoser. 2004. "Reintroduced Lynx in Europe: Their Distribution and Problems. *Ecos* 25: 64–68.

Zimmermann, F., C. Breitenmoser-Wursten, and U. Breitenmoser. 2007. "Importance of Dispersal for the Expansion of a Eurasian Lynx *Lynx lynx* Population in Fragmented Landscape." *Oryx* 41: 358–68.

スペインオオヤマネコ

Alda, F., J. Inoges, L. Alcaraz, J. Oria, A. Aranda, and I. Doadrio. 2008. "Looking for the Iberian Lynx in Central Spain: A Needle in a Haystack?" *Animal Conservation* 11: 297–305.

Antonevich, A. L., S. V. Naidenko, J. Bergara, E. Vázquez, A. Vázquez, J. López, A. Pardo, A. Rivas, F. Martínez, and A. Vargas. 2009. "A Comparative Note on Early Sibling Aggression in Two Related Species: The Iberian Lynx and the Eurasian Lynx." *In Iberian lynx Ex situ Conservation: An Interdisciplinary Approach*, ed. A. Vagas, Ch. Breitenmoser, and U. Breitenmoser, 156–63. Madrid, Spain: Fundación Biodiversidad.

Branco, M., M. Monnerot, N. Ferrand, and A. R. Templeton. 2002. "Postglacial Dispersal of the European Rabbit (*Oryctolagus cuniculus*) on the Iberian Peninsula Reconstructed from Nested Clade and Mismatch Analyses of Mitochondrial DNA Genetic Variation." *Evolution* 56: 792–803.

Cunha Serra, R., and P. Sarmento. 2007. "The Iberian Lynx in Portugal: Conservation Status and Perspectives." *Cat News* 45: 15–16.

Ferrer, M., and J. J. Negro. 2004. "The Near Extinction of Two Large European Predators: Super Specialists Pay a Price." *Conservation Biology* 18: 344–49.

Ferreras, P., A. Rodríguez, F. Palomares, and M. Delibes. 2010. "Iberian Lynx: The Uncertain Future of a Critically Endangered Cat." In *Biology and Conservation of Wild Felids*, ed. D. W. Macdonald and A. J. Loveridge, 507–20. Oxford: Oxford University Press.

Garrote, G., R. P. de Ayala, P. Pereira, F. Robles, N. Guzman, F. J. Garcia, M. C. Iglesias, J. Hervas, I. Fajardo, M. Simon, and J. L. Barroso. 2011. "Estimation of the Iberian Lynx (*Lynx pardinus*) Population in the Doñana Area, SW Spain, Using Capture-Recapture Analysis of Camera-Trapping Data." *European Journal of Wildlife Rescrach* 57. 355–62.

López-Bao, J. V., F. Palomares, A. Rodríguez, and M. Delibes. 2010. "Effects of Food Supplementation on Home-Range Size, Reproductive Success, Productivity and Recruitment in a Small Population of Iberian Lynx." *Animal Conservation* 13: 35–42.

Vagas, A., Ch. Breitenmoser, and U. Breitenmoser, eds. 2009. *Iberian Lynx ex situ Conservation: An Interdisciplinary Approach*. Madrid, Spain: Fundación Biodiversidad.

Vargas, A., F. Martínez, J. Bergara, L. D. Klink, J. M. Rodríguez, and D. Rodríguez. 2005. "Iberian Lynx *ex situ* Conservation Update." *Cat News* 43: 21–22.

カナダオオヤマネコ

Bayne, E. M., S. R. Boutin, and R. A. Moses. 2008. "Ecological Factors Influencing the Spatial Patterns of Canada Lynx Relative to Its Southern Range Edge in Alberta, Canada." *Canadian Journal of Zoology* 86: 1189–97.

Carroll, C. 2007. "Interacting Effects of Climate Change, Landscape Conversion, and Harvest on Carnivore Populations at the Range Margin: Marten and Lynx in the Northern Appalachians." *Conservation Biology* 21: 1092–104.

Chapman, J. A., and J. E. C. Flux. 2008. "Introduction to the Lagomorpha." In *Lagomorph Biology: Evolution, Ecology, and Conservation*, ed. P. C. Alves, N. Ferrand, and K. Hacklander, 1–9. Berlin: Springer-Verlag.

Dybas, C. L. 2010. "Lynx on the Line: Cross-Border Cat." *Canadian Geographic* (July/August): 43–50.

Hoving, C. L., R. A. Joseph, and W. B. Krohn. 2003. "Recent and Historical Distributions of Canada Lynx in Maine and the Northeast." *Northeastern Naturalist* 10: 363–82.

Maletzke, B. T., G. M. Koehler, R. B. Wielgus, K. B. Aubry, and M. A. Evans. 2008. "Habitat Conditions Associated with Lynx Hunting Behavior during Winter in Northern Washington." *Journal of Wildlife Management* 72: 1473–78.

O'Donoghue, M., B. G. Slough, K. G. Poole, S. Boutin, E. J. Hofer, G. Mowat, and C. J. Krebs. 2010. "Cyclical Dynamics and Behaviour of Canada Lynx in Northern Canada." In *Biology and Conservation of Wild Felid*s, eds. D. W. Macdonald and A. J. Loveridge, 521–36.

Oxford: Oxford University Press.

Van Valkenburgh, B. 1987. "Skeletal Indicators of Locomotor Behavior in Living and Extinct Carnivores." *Journal of Vertebrate Paleontology* 7: 162–82.

Verdelin, L. 2010. "Morphological Aspects." In *Handbook of the Mammals of the World*. Vol. 1: *Carnivores*, ed. D. E. Wilson and R. A. Mittermieir, 58–67. Barcelona: Lynx Edicions.

ボブキャット

Hansen, K. 2007. *Bobcat: Master of Survival*. New York: Oxford University Press.

Litvaitis, J. A., J. P. Tash, and C. L. Stevens. 2006. "The Rise and Fall of Bobcat Populations in New Hampshire: Relevance of Historical Harvests to Understanding Current Patterns of Abundance and Distribution." *Biological Conservation* 128: 517–28.

Riley, S. P. D., R. M. Sauvajot, T. K. Fuller, E. C. York, D. A. Kamradt, C. Bromley, and R. K. Wayne. 2003. "Effects of Urbanization and Habitat Fragmentation on Bobcats and Coyotes in Southern California." *Conservation Biology* 17: 566–76.

Roberts, N. M., and S. M. Crimmins. 2010. "Bobcat Population Status and Management in North America: Evidence of Large-Scale Population Increase." *Journal of Fish and Wildlife Management* 1: 169–74.

チーター

Bissett, C., and R. T. F. Bernard. 2008. "Habitat Selection and Feeding Ecology of the Cheetah (*Acinonyx jubatus*) in Thicket Vegetation: Is the Cheetah a Savanna Specialist?" *Journal of Zoology* 271: 310–17.

Caro, T. M. 1994. *Cheetahs of the Serengeti plains*. Chicago: University of Chicago Press.

Charruau, P., C. Fernandes, P. Orozco-terWengel, J. Peters, L. Hunter, H. Ziaie, A. Jourabchian, H. Jowkar, G. Schaller, S. Ostrowski, P. Vercammen, T. Grange, C. Schlotterer, A. Kotze, E. M. Geigl, C. Walzer, and P. A. Burger. 2011. "Phylogeography, Genetic Structure and Population Divergence Time of Cheetahs in Africa and Asia: Evidence for Long-Term Geographic Isolates." *Molecular Ecology* 20: 706–24.

Durant, S. M., S. Bashir, T. Maddox, and M. K. Laurenson. 2007. "Relating Long-Term Studies to Conservation Practice: The Case of the Serengeti Cheetah Project." *Conservation Biology* 21: 602–11.

Durant, S. M., A. J. Dickman, T. Maddox, M. N. Waweru, T. Caro, and N. Pettorelli. 2010. "Past, Present, and Future of Cheetahs in Tanzania: Their Behavioural Ecology and Conservation." In *Biology and Conservation of Wild Felids*, ed. D. W. Macdonald and A. J. Loveridge, 373–82. Oxford: Oxford University Press.

Durant, S.M., M. Kelly, and T. M. Caro. 2004. "Factors Affecting Life and Death in Serengeti Cheetahs: Environment, Age and Sociality." *Behavioural Ecology* 15: 11–22.

Farhadinia. M. S. 2004. "The Last Stronghold: Cheetah in Iran." *Cat News* 40: 11–14.

Farhadinia, M., and M.-R. Hmami. 2010. "Prey Selection by the Critically Endangered Asiatic Cheetah in Central Iran." *Journal of Natural History* 44: 1239–49.

Hayward, M. W., M. Hofmeyr, J. O'Brien, and G. I. H. Kerley. 2006. "Prey Preferences of the Cheetah (*Acinonyx jubatus*) (Felidae: Carnivora): Morphological Limitations or the Need to Capture Rapidly Consumable Prey before Kleptoparasites Arrive?" *Journal of Zoology* 270: 615–27.

Marker, L. 2005. "Overview of the Global Wild Cheetah Population." *Animal Keeper's Forum* 7/8: 284–88.

Marker, L., A. J. Dickman, M. G. L. Mills, and D. W. Macdonald. 2010. "Cheetahs and Ranchers in Namibia: A Case Study." In *Biology and Conservation of Wild Felids*, ed. D. W. Macdonald and A. J. Loveridge, 353–72. Oxford: Oxford University Press.

Mills, M. G. L., L. S. Broomhall, and J. T. du Toit. 2004. "Cheetah (*Acinonyx jubatus*) Feeding Ecology in Kruger National Park and a Comparison across African Savanna Habitats: Is the Cheetah Only a Successful Hunter on Open Grassland Plains?" *Wildlife Biology* 10: 177–86.

Selebatso, M., S. R. Moe, and J. E. Swenson. 2008. "Do Farmers Support Cheetah Acinonyx jubatus Conservation in Botswana Despite Livestock Depredation?" *Oryx* 42: 430–36.

Wilson, J. W., M. G. L. Mills, R. P. Wilson, G. Peters, M. E. J. Mills et al. 2013. "Cheetahs, *Acinonyx jubatus*, Balance Turn Capacity with Pace When Chasing Prey." *Biology Letters* 9: 20130620. http://dx.DOI.org/10.1098/rsbl.3013.0620.

ピューマ

Baron, D. 2004. *The Beast in the Garden*. New York: W. W. Norton.

Benson, J. F., J. A. Hostetler, D. P. Ornato, W. E. Johnson, M. E. Roelke, S. J. O'Brien, D. Jansen, and M. K. Oli. 2011. "Intentional Genetic Introgression Influences Survival of Adults and Subadults in a Small, Inbred Felid Population." *Journal of Animal Ecology* 80: 958–67.

Culver, M. 2010. "Lessons and Insights from Evolution, Taxonomy, and Conservation Genetics." In Cougar: *Ecology and Conservation*, ed. M. Hornocker and S. Negri, 27–40. Chicago: University of Chicago Press.

Foster, R. J., B. J. Harmsen, B. Valdes, C. Pomilla, and C. P. Doncaster. 2010. "Food Habits of Sympatric Jaguars and Pumas across a Gradient of Human Disturbance." *Journal of Zoology* 280: 309–18.

Hornocker, M. 2010. "Pressing Business. In *Cougar*: *Ecology and Conservation*, ed. M. Hornocker and S. Negri, 234–47. Chicago: University of Chicago Press.

Hostetler, J. A., D. P. Ornato, J. D. Nichols, W. E. Johnson, M. E. Roelke, S. J. O'Brien, D. Jansen, and M. K. Oli. 2010. "Genetic Introgression and the Survival of Florida Panther Kittens." *Biological Conservation* 143: 2789–96.

Johnson, W. E., D. P. Ornato, M. E. Roelke, E. D. Land, M. Cunningham, R. C. Belden, R. McBride, D. Jansen, M. Lotz, D. Shindle, J. Howard, D. E. Wildt, L. M. Penfold, J. A. Hostetler, M. K. Oli, and S. J. O'Brien. 2010. "Genetic Restoration of the Florida Panther." *Science* 329: 1641–45.

Larue, M. A., C. K. Nielsen, M. Dowling, K. Miller, B. Wilson, H. Shaw, and C. R. Anderson Jr. 2012. "Cougars Are Recolonizing the Midwest: Analysis of Cougar Confirmations during 1990–2008." *Journal of Wildlife Management* 76: 1364–69.

Logan, K. A., and L. L. Sweanor. 2010. "Behavior and Social Organization of a Solitary Carnivore." In *Cougar*: *Ecology and Conservation*, ed. M. Hornocker and S. Negri, 105–17. Chicago: University of Chicago Press.

Mattson, D., K. Logan, and L. Sweanor. 2011. "Factors Governing Risk of Cougar Attacks on Humans." *Human-Wildlife Interactions* 5: 135–58.

Murphy, K., and T. K. Ruth. 2010. "Diet and Prey Selection of a Perfect Predator." In *Cougar: Ecology and Conservation*, ed. M. Hornocker and S. Negri, 118–37. Chicago: University of Chicago Press.

Palmeira, F. B. L., P. G. Crawshaw Jr., C. M. Haddad, K. M. P. M. B. Ferraz, and L. M. Verdade. 2008. "Cattle Depredation by Puma (*Puma concolor*) and Jaguar (*Panthera onca*) in Central-Western Brazil." *Biological Conservation* 141: 118–25.

Peebles, K. A., R. B. Wielgus, B. T. Maletzke, and M. E. Swanson. 2013. "Effects of Remedial Sport Hunting on Cougar Complaints and Livestock Depredations." *PLoS ONE* 8(11): e79713. DOI:10.1371/journal.pone.0079713.

Ruth, T. K., M. A. Haroldson, K. M. Murphy, P. C. Buotte, M. G. Hornocker, and H. B. Quigley. 2011. "Cougar Survival and Source-Sink Structure on Greater Yellowstone's Northern Range." *Journal of Wildlife Management* 75: 1381–98.

Sweanor, L. L., and K. A. Logan. 2010. "Cougar-Human Interactions." In *Cougar: Ecology and Conservation*, ed. M. Hornocker and S. Negri, 190–205. Chicago: University of Chicago Press.

Thompson, D. J., and J. A. Jenks. 2010. "Dispersal Movements of Subadult Cougars from the Black Hills: The Notions of Range Expansion and Recolonization." *Ecosphere* 1: Article 8: 1–11.

White, K. R., G. M. Koehler, B. T. Maletzke and R. B. Wielgus. 2011. "Differential Prey Use by Male and Female Cougars in Washington.: *Journal of Wildlife Management* 75: 1115–20.

ジャガランディ

Caso, A., and M. E. Tewes. 1996. "Home Range and Activity Patterns of the Ocelot, Jaguarundi, and Coatimundi in Tamaulipas, Mexico." Abstracts, *Southeastern Association of Naturalists*, 43rd Annual Meeting, McAllen, TX.

Oliveira, T. G. 1998. "*Herpailurus yagouaroundi*." *Mammalian Species* 578: 1–6.

Silva-Pereira, J. E., R. F. Moro-Rios, D. R. Bilski, and F. C. Passos. 2011. "Diets of Three Sympatric Neotropical Small Cats: Food Niche Overlap and Interspecies Differences in Prey Consumption." *Mammalian Biology* 76: 308–12.

Tofoli, C. F., F. Rohe, and E. Z. F. Setz. 2009. "Jaguarundi (*Puma jagouaroundi*) (Geoffroy, 1803) (Carnivora, Felidae) Food Habits in a Mosaic of Atlantic Rainforest and Eucalypt Plantations of Southeastern Brazil." *Braz. Journal Biology* 69: 871–77.

マヌルネコ

Barashkova, A., and I. Smelansky. 2011. "Pallas's Cat in the Altai Republic, Russia." *Cat News* 54: 4–7.

Brown, M., and B. Munkhtsog. 2000. "Ecology and Behaviour of Pallas's Cat in Mongolia." *Cat News* 33: 22.

Fox, J. L., and T. Dorji. 2007. "High Elevation Record for Occurrence of the Manul or Pallas Cat on the Northwestern Tibetan Plateau, China." *Cat News* 46: 35.

Murdoch, J. D., T. Munkhzul, and R. P. Reading. 2006. "Pallas' Cat Ecology and Conservation in the Semi-Desert Steppes of Mongolia." *Cat News* 45: 18–19.

Ross, S., R. Kamnitzer, B. Munkhtsog, and S. Harris. 2010. "Den-Site Selection Is Critical for Pallas's Cats (*Otocolobus manul*)." *Canadian Journal of Zoology* 88: 905–13.

Ross, S., S. Harris, and B. Munkhtsog. 2010. "Dietary Composition, Plasticity and Prey Selection of Pallas's Cats." *Journal of Mammalogy* 91: 811–17.

ベンガルヤマネコ

Austin, S. C., M. E. Tewes, L. I. Grassman Jr., and N. J. Silvy. 2007. "Ecology and Conservation of the Leopard Cat *Prionailurus bengalensis* and Clouded Leopard *Neofelis nebulosa* in Khao Yai National Park, Thailand." *Acta Zoologica Sinica* 53: 1–14.

Grassman, L. I., Jr., M. E. Tewes, N. J. Silvy, and K. Kreetiyutanont. 2005. "Spatial organization and Diet of the Leopard Cat (*Prionailurus bengalensis*) in North-Central Thailand." *Journal of Zoology* 266: 45–54.

Izawa, M., T. DOI, N. Nakanishi, and A. Teranishi. 2009. "Ecology and Conservation of Two Endangered Subspecies of the Leopard Cat (*Prionailurus bengalensis*) on Japanese Islands." *Biological Conservation* 142: 1884–90.

Khan, M. M. H. 2004. "Food Habits of the Leopard Cat *Prionailurus bengalensis* (Kerr, 1792) in the Sundarbans East Wildlife Sanctuary, Bangladesh." *Zoos' Print Journal* 19: 1475–76.

Rajaratnam, R., M. Sunquist, L. Rajaratnam, and L. Ambu. 2007. "Diet and Habitat Selection of the Leopard Cat (*Prionailurus bengalensis borneoensis*) in an Agricultural Landscape in Sabah, Malaysian Borneo." *Journal of Tropical Ecology* 23: 209–17.

Schmidt, K., N. Nakanishi, M. Okamura. T. DOI, and M. Izawa. 2003. "Movements and Use of Home Range in the Iriomote Cat (*Prionailurus bengalensis iriomotensis*)." *Journal of Zoology* 261: 273–83.

マレーヤマネコ

Gumal, M., D. Kong, J. Hon, N. Juat, and S. Ng. 2010. "Observations of the Flat-Headed Cat from Sarawak, Malaysia." *Cat News* 52: 12–14.

Hearn, A. J., J. Ross, B. Goossens, M. Ancrenaz, and L. Ambu. 2010. "Observations of Flat-Headed Cat in Sabah, Malaysian Borneo." *Cat News* 52: 15–16.

Mohamed, A. J., H. Samejima, and A. Wilting. 2009. "Records of Five Bornean Cat Species from Deramakot Forest Reserve in Sabah, Malaysia." *Cat News* 51: 14–17.

サビイロネコ

Anwar, M., D. Hasan, and J. Vattakavan. 2012. "Rusty-Spotted Cat in Katerniaghat Wildlife Sanctuary, Uttar Pradesh State, India." *Cat News* 56: 12–13.

Patel, K. 2006. "Observations of Rusty-Spotted Cat in Eastern Gujarat, India." *Cat News* 45: 27–28.

Sharma, S. K. 2007. "Breeding Season of Rusty-Spotted Cat Prionailurus rubiginosus (Geoffroy) in Sajjangarh Wildlife Sanctuary, Udaipur District, Rajasthan, India." *Zoos' Print Journal* 22: 2874.

イエネコ

Cameron-Beaumont, C., S. E. Lowe, and J. W. S. Bradshaw. 2002. "Evidence Suggesting Preadaptation to Domestication throughout the Small Felidae." *Biological Journal of the Linnean Society* 75: 361–66.

Driscoll, C. A., J. Clutton-Brock, A. C. Kitchener, and S. J. O'Brien. 2009. "The Taming of the Cat." *Scientific American* 300: 68–75. (「1万年前に来た猫」C. A. ドリスコル／J. クラットン＝ブロック／A. C. キチナー／S. J. オブライエン著、『日経サイエンス』2009年9月号、日本経済新聞出版社、2009年)

Driscoll, C. A., D. W. Macdonald, and S. J. O'Brien. 2009. "From Wild Animals to Domestic Pets: An Evolutionary View of Domestication." *Proceedings Nat. Acad. Science* 106 (Supplement 1): 9971–78.

Driscoll, C. A., M. Menotti-Raymond, A. L. Roca et al. 2007. "The Near Eastern Origin of Cat Domestication." *Science* 317: 519–23.

Lipinski, M. J., L. Froenicke, K. C. Baysac et al. 2008. "The Ascent of Cat Breeds: Genetic Evaluations of Breeds and Worldwide Random-Bred Populations." *Genomics* 91: 12–21.

Loxton, H. 1998. *99 Lives: Cats in History, Legend and Literature*. London: Duncan Baird.

Menotti-Raymond, M., V. A. David, S. M. Pflueger et al. 2008. "Patterns of Molecular Genetic Variation among Cat Breeds." *Genomics* 91: 1–11.

O'Brien, S. J., and W. E. Johnson. 2007. "The Evolution of Cats." *Scientific American* 297: 68–75.

Reis, P. M., S. Jung, J. M. Aristoff, and R. Stocker. 2010. "How Cats Lap: Water Uptake by *Felis catus*." *Science* 330: 1231–34.

Siegal, M., ed. 2004. *The Cat Fanciers' Association Complete Cat Book*. New York: Harper Resource.

Smithers, R. H. N. 1968. "Cat of the Pharaohs." *Animal Kingdom* 71: 16–23.

Vigne, J. D., J. Guilaine, K. Debue, L. Haye, and P. Gerard. 2004. "Early Taming of the Cat in Cyprus." *Science* 304 (5668): 259.

Zeder, M. A. 2008. "Domestication and Early Agriculture in the Mediterranean Basin: Origins, Diffusion, and Impact." *Proceedings Natl. Acad. Science* 105: 11597–604.

クロアシネコ

Huang, G. T., J. J. Rosowski, M. E. Ravicz, and W. I. Peake. 2002. "Mammalian Ear Specializations in Arid Habitats: Structural and Functional Evidence from Sand Cat (*Felis margarita*)." *Journal of Comparative*

Physiology A 188: 663–81.

Peters, G., L. Baum, M. K. Peters, and B. Tonkin-Leyhausen. 2008. "Spectral Characteristics of Intense Mew Calls in Cat Species of the Genus *Felis* (Mammalia: Carnivora: Felidae)." *Journal of Ethology*. DOI: 10.1007/s10164-008-0107-y

Sliwa, A. 2006. "Seasonal and Sex-Specific Prey Composition of Black-Footed Cats *Felis nigripes*." *Acta Theriologica* 51: 195–204.

———. 2009. "Black-Footed Cat *Felis nigripes*." In *Handbook of the Mammals of the World*, Vol. 1, *Carnivores*, ed. D. E. Wilson and R. A. Mittermeier, 165–66. Barcelona: Lynx Edicions.

Sliwa, A., M. Herbst, and M. G. L. Mills. 2010. "Black-Footed Cats (*Felis nigripes*) and African Wildcats (*Felis silvestris*): A Comparison of Two Small Felids from South African Arid Lands." In *Biology and Conservation of Wild Felids*, ed. D. W. Macdonald and A. J. Loveridge, 537–58. Oxford: Oxford University Press.

ヨーロッパヤマネコ

Driscoll, C. A., R. Menotti-Raymond, A. L. Roca, K. Hupe, W. E. Johnson, E. Geffen, E. Harley, M. Delibes, D. Pontier, A. C. Kitchener, N. Yamaguchi, S. J. O'Brien, and D. W. Macdonald. 2007. "The Near Eastern Origin of Cat Domestication." *Science* 317: 519–23.

Herbst, M., and M. G. L. Mills. 2010. "The Feeding Habits of the Southern African Wildcat, a Facultative Trophic Specialist, in the Southern Kalahari (Kgalagadi Transfrontier Park, South Africa/Botswana)." *Journal of Zoology* 280: 403–13.

Macdonald, D. W., N. Yamaguchi, A. C. Kitchener, M. Daniels, K. Kilshaw, and C. Driscoll. 2010. "Reversing Cryptic Extinction: The History, Present, and Future of the Scottish Wildcat." In *Biology and Conservation of Wild Felids*, ed. D. W. Macdonald and A. J. Loveridge, 471–92. Oxford: Oxford University Press.

Sliwa, A., M. Herbst, and M. G. L. Mills. 2010. "Black-Footed Cats (*Felis nigripes*) and African Wildcats (*Felis silvestris*): A Comparison of Two Small Felids from South African Arid Lands." In *Biology and Conservation of Wild Felids*, ed. D. W. Macdonald and A. J. Loveridge, 537–57. Oxford: Oxford University Press.

スナネコ

Huang, G. T., J. J. Rosowski, M. E. Ravicz, and W. T. Peake. 2002. "Mammalian Ear Specializations in Arid Habitats: Structural and Functional Evidence from Sand Cat (*Felis margarita*)." *Journal of Comp. Physiol*. A 188: 663–81.

Peters, G., and M. K. Peters. 2010. "Long-Distance Call Evolution in the Felidae: Effects of Body Weight, Habitat, and Phylogeny." *Biological Journal of the Linnean Society* 101: 487–500.

Sliwa, A. 2009. "Sand Cat." In *Handbook of the Mammals of the World*. Vol. 1, *Carnivores*, ed. D. E. Wilson and R. A. Mittermeier, 166. Barcelona: Lynx Edicions.

Strauss, W. M., M. Shobrak, and M. S. Shah. 2007. "First Trapping Results from a New Sand Cat Study in Saudi Arabia." *Cat News* 47: 20–21.

ジャングルキャット

Duckworth, J. W., C. M. Poole, R. J. Tizard, J. L. Walston, and R. J. Timmins. 2005. "The Jungle Cat *Felis chaus* in Indochina: A Threatened Population of a Widespread and Adaptable Species." *Biodiversity and Conservation* 14: 1263–80.

Majumder, A., K. Sankaar, Q. Qureshi, and S. Basu. 2011. "Food Habits and Temporal Activity Patterns of the Golden Jackal *Canis aureus* and the Jungle Cat *Felis chaus* in Pench Tiger Reserve, Madhya Pradesh, India." *Journal of Threatened Taxa* 3: 2221–25.

Mukherjee, S., S. P. Goyal, A. J. T. Johnsingh, and M. R. P. Leite Pitman. 2004. "The Importance of Rodents in the Diet of Jungle Cat (*Felis chaus*), Caracal (*Caracal caracal*) and Golden Jackal (*Canis aureus*) in Sariska Tiger Reserve, Rajasthan, India." *Journal of Zoology* 262: 405–11.

関 連 文 献

Bradshaw, J. 2013. *Cat Sense: How the New Feline Science Can Make You a Better Friend to Your Pet*. New York: Basic Books.

Breitenmoser-Würsten, C, E. Hofer, K. Vogt, and U. Breitenmoser, eds. 2011. "Cats of the World—Snapshots." *Cat News*, Special Issue No. 6.

Brown, D. E., and C. A. López González. 2001. *Borderland Jaguars*. Salt Lake City: University of Utah Press.

Divyabhanusinh. 2005. *The Story of Asia's Lions*. Mumbai: Marg Publications.

Hornocker, M., and S. Negri, eds. 2010. *Cougar: Ecology and Conservation*. Chicago: University of Chicago Press.

Hunter, L., and G. Hinde. 2005. *Cats of Africa: Behavior, Ecology, and Conservation*. Baltimore, MD: Johns Hopkins University Press.

Karanth, K. U. 2011. *The Science of Saving Tigers*. Hyderabad, India: Universities Press.

Logan, K. A., and L. L. Sweanor. 2001. *Desert Puma: Evolutionary Ecology and Conservation of an Enduring Carnivore*. Washington, DC: Island Press.

Long, R. A., P. MacKay, W. J. Zielinski, and J. C. Ray, eds. 2008. *Noninvasive Survey Methods for Carnivores*. Washington, DC: Island Press.

Loveridge, A. J., S.W. Wang, L.G. Frank, and J. Seidensticker. 2010. "People and Wild Felids: Conservation of Cats and Management of Conflicts." In *Biology and Conservation of Wild Felids*, ed. D. W. Macdonald and A. J. Loveridge, 161–95. Oxford: Oxford University Press.

Macdonald, D. W., and A. J. Loveridge, eds. 2010. *Biology and Conservation of Wild Felids*. Oxford: Oxford University Press.

Sanderson, J. G., and P. Watson. 2011. *Small Wild Cats: The Animal Answer Guide*. Baltimore, MD: Johns Hopkins University Press.

Seidensticker, J., S. Christie, and P. Jackson, eds. 1999. *Riding the Tiger: Tiger Conservation in Human-Dominated Landscapes*. Cambridge: Cambridge University Press.

Seidensticker, J., and S. Lumpkin. 2004. *Cats: Smithsonian Answer Book*. Washington, DC: Smithsonian Books.

Sunquist, M., and F. Sunquist. 2002. *Wild Cats of the World*. Chicago: University of Chicago Press.

Tilson, R., and P. J. Nyhus, eds. 2010. *Tigers of the World: The Science, Politics, and Conservation of Panthera tigris*. 2nd ed. London: Elsevier.

Wison, D. E., and R. A. Mittermeier, eds. 2009. *Handbook of the Mammals of the World*. Vol. 1, *Carnivores*. Barcelona: Lynx Edicions.

写 真

Photos by Terry Whittaker: pp. ii–iii, viii, 4, 13, 16, 18, 25, 28, 31, 38, 40, 42, 44, 51, 60, 62, 70, 72, 74 (下から2番目), 76, 80, 84, 88, 92, 94–95, 98, 100, 102, 104, 105, 106, 108, 110, 111, 118, 124, 134, 157, 174, 180, 182–83, 184, 186, 188, 189, 190, 191, 198, 200, 202–3, 218, 220, 224, 227, 228, 230, 232, 234, 235, 238, 240

Adapted from Stephen J. O'Brien and Warren E. Johnson, "The Evolution of Cats," Scientific American (July 2007), p. 70, Fig. "The Cat Family Tree": p. 2

Photo by Rian van den Berg/ Shutterstock.com: pp. 6–7

Photo by Mogens Trolle/Shutterstock.com: p. 8

Photo by Alta Oosthuizen/Shutterstock.com: p. 10

Photo © Luiz Claudio Marigo/ naturepl.com: pp. 20–21

Photo by Vadim Petrakov/Shutterstock.com: p. 23

Photo by Eduardo Rivero/Shutterstock.com: p. 23

Photos by Dharmendra Khandal: pp. 30, 34, 86, 89

Photo by vanchai/Shutterstock.com: p. 30

Photo by visceralimage/ Shutterstock.com: pp. 32–33

Photo © Andy Rouse/naturepl.com: p. 36

Photo by Rodney Jackson: p. 46

Photo © Andy Rouse/naturepl.com: p. 48

Photo by Johan W. Elzenga/ Shutterstock.com: p. 50

Photo by Jeremy Richards/ Shutterstock.com: pp. 52–53

Photo by Dennis Donohue/ Shutterstock.com: pp. 54–55

Photo by Daleen Loest/Shutterstock.com: p. 57

Photos by Andrew Hearn and Joanna Ross: pp. 63, 71, 74 (マーブルドキャット), 192

Photo by Sebastian Kennerknecht: p. 68

Photos by Eric Isselee/Shutterstock .com: pp. 82, 214

Photos by Fernando Vidal, Fauna Andina: pp. 114, 117

Photos by Jim Sanderson: p. 120

Photo © iStockphoto/Tim Abbott: p. 122

Photos by Tadeu de Oliveira: p. 126

Photo © Gabriel Rojo/naturcpl.com: p. 128

Photo by Volodymyr Burdiak/ Shutterstock.com: p. 132,

カバー

Photo by Erik Mandre/Shutterstock.com: p. 135

Photo by Wolfgang Kruck/ Shutterstock.com: p. 136

Photo © Jose B. Ruiz/naturepl.com: p. 138

Photo by FloridaStock/Shutterstock.com: p. 142

Photo by Keith Williams: p. 144 (上)

Photo by nialat/Shutterstock.com: p. 144 (下)

Photo by Andre Klopper/ Shutterstock.com: pp. 148–49

Photo by Scott E. Read/Shutterstock .com: p. 146

Photo © Peter Blackwell/naturepl.com: pp. 154–55

Photos by Stuart G. Porter/Shutterstock .com: pp. 158–59, 160

Photo by mdd/Shutterstock.com: p. 152

Photo by Gail Johnson/Shutterstock.com: p. 161

Photos by S. R. Maglione/Shutterstock .com: pp. 164, 166–67

Photo by Tom Tietz/Shutterstock.com: p. 168

Photo by Peter Hoch: p. 173

Photo © Visuals Unlimited/naturepl.com: p. 176

Photo by Huangdi: p. 185

Photo © Nick Garbutt/naturepl.com: p. 196

Photo by Jeremy Holden/FFI: p. 199

Photo by Jane Burton/naturepl.com: p. 204

Photo by Damien Richard/ Shutterstock.com: p. 206

Photo by pics4sale/Shutterstock.com: p. 208

Photo by Sari O'Neal/Shutterstock.com: p. 209

Photo by Artem Loskutnikov/ Shutterstock.com: p. 211

Photo by Linn Currie/Shutterstock.com: p. 213

Photo by Seiji/Shutterstock.com: p. 216

Photo by Alex Sliwa: p. 221

Photos © iStockphoto/EcoPic: pp. 224, 229

Adapted from Carlos A. Driscoll et al., "The Near Eastern Origin of Cat Domestication," Science 317 (July 2007), fig. 1 (A), p. 520: p. 226

Photo by HTO: p. 6

Photo by Pierre-Jean Durieu/ Shutterstock.com: p. 9

Photo by EcoPrint/Shutterstock.com: p. 11
Photo by Michael Sheehan/ Shutterstock.com; p. 12
Photo by Sharon Morris/Shutterstock.com: p. 24
Photo © Tony Heald/naturepl.com: p. 35
Photo by Villiers Steyn/Shutterstock.com: p. 56
Photo by Mohammad Farhadinia: p. 156
Photo courtesy of Cheetah Conservation Fund: p. 158
Photo by maryo/Shutterstock.com: p. 194
Photo by Diane Henry: p. 210
Photo courtesy of WCS India Program: p. 43

Photo © Yves Lanceau/naturepl.com: p. 116
Photo by Zhiltsov Alexandr/ Shutterstock.com: p. 178
黒ヒョウの斑点 photo by Eric Isselee/ Shutterstock.com, ヒョウの斑点 photo by bluehand/Shutterstock.com, ジャガーの斑点 photo by worldswildlifewonders/Shutterstock. com, チーターの斑点 photo by Jerome Scholler/ Shutterstock.com, ウンピョウの斑点 spots photo by Vladimir Sazonov/Shutterstock .com: p. 74
Photo by Scott Granneman: p. 215
Photo by Vishnevskiy Vasily/ Shutterstock.com: p. 212

索 引

注：イタリック体のページ番号は写真・図版を表す。

あ

アジアゴールデンキャット（*Pardofelis temminckii*），76–78;
    アフリカゴールデンキャット, 77, 93; 食性, 77; 生息環境, 77; 分布, *78*

アジアのチーター, 156, *156*

アジアのヨーロッパヤマネコ, *227*

足首のヒゲ, 118

足で着地, ネコ, 116

アナウサギ, 140

アナトリアンシェパード, 家畜の捕食, 158

アビシニアン, 217

アフリカ:
    カラハリ, 5, 11, 49–50; セルース猟獣保護区, 14; セレンゲティ, 81 チョベ国立公園, ボツワナ, 8; ナイロビ国立公園, 53; ナミビア, 158; ナミブ砂漠, 11; ライオンの個体数, 10, 14, *14*;

アフリカゴールデンキャット（*Caracal aurata*）, 92–96;
    アジアゴールデンキャット, 77, 93; 食性, 93; 体色, 93; 体毛, 93; 分布, *96*

アフリカヤマネコ（*Felis silvestris cafra*）, 225–30

アフリカのヨーロッパヤマネコ, 225–30, *229*;

アムールヒョウ, 51, *51*

アレルギー, ペット, 209

アンデスキャット（*Leopardus jacobita*）, 120–23;
    体つき, 121; 食性, *122*, 123; 生息環境, 121–22; 生息地, 121–22; 絶滅危惧IB類指定種, 123; パンパスキャット, 129; ビスカッチャ, *122*, 122–23; 分布, *123*; 保全, 123; 物おじしない性格, 121

アンデスキャット保全連盟（Andean Cat Alliance）, 123

イエネコ（*Felis silvestris catus*）, 206–17;
    エジプト, 210–11; キプロス島, 208; 種, 213, 213–14, 217; 重要性, 208–9; 選択的交配, 217; 体毛の色, *214*, 217; 段ボール箱, *208*; 地理的拡大, 211–14; 人気, 214; ネコにちなんだ海事用語, 211; 野良ネコ, 215, *215*; 迫害, 216–17; 魔術, 216; 野生生物の捕食, 210, 212; ヨーロッパヤマネコ, 231; リビアヤマネコ, 230; 歴史, 207–10

イエネコ系統:
    イエネコ, 206–17; クロアシネコ, 218–23; ジャングルキャット, 238–41; スナネコ, 232–37; ヨーロッパヤマネコ, 224–31

イエネコの選択的交配, 217

異種交配, 178

イソワールオオヤマネコ, 133, 139

遺伝学:
    ネコ科の種, 2; スナドリネコ, 189; ピューマ, 165; ホワイトタイガー, 38; メラニズム, 24, *24*

色変種:
    近親交配, 12, 38; 黒いネコ科動物, 24, *24*; ジャガランディ, 175, *176*; ホワイトタイガー, 38, *38*; ホワイトライオン, 12, *12*

インド, サンジェイ・ガンジー国立公園, 52

ウィルティング, アンドレアス, 73

ウンピョウ（*Neofelis nebulosa*）, 60–65;
    体つき, 61; 木の上, 61; 犬歯, 61, 62, *62*; 声, 64; サーベルタイガー, 62; 種, 63–65; 食性, 61; スマトラ島, 63; 体毛, 61, 63; 分布, *65*; ボルネオ島, 63

エイジリク, エドゥアルド, 24

エコツーリズム, 14–15

エジプト:
    イエネコ, 210–11; バステト, 210–211, *211*

エロフ, フリッツ, 11

オオヤマネコ系統:
    カナダオオヤマネコ, 142–45; カラカル, 87; スペインオオヤマネコ, 138–41; ボブキャット, 146–50; ユーラシアオオヤマネコ, 132–37

オセロット（*Leopardus pardalis*）, 98–101;
    泳ぐ能力, 198; 狩りのテクニック, 99–100; 子供, 100; 食性, 99; 生息地, 99; 体毛, 99, 106; 斑点, 74; 分布,

101; マーゲイ, 103–6
オセロット系統:
    アンデスキャット, 120–23; オセロット, 98–101; コドコド, 114–19; ジャガーキャット, 124–27; ジョフロイキャット, 108–13; パンパスキャット, 128–30; マーゲイ, 102–7
オブライエン, スティーブン, 24
泳ぎの得意なネコ科動物:
    オセロット, 198; ジャガー, 22, 198; スナドリネコ, 187, *190*, *191*, 198; トラ, 198; ベンガルヤマネコ, 193, 198; マレーヤマネコ, 197–98, *198*
尾を使ったコミュニケーション, 216

か

ガウル, *30*
家畜の捕食:
    カラカル, 91; コドコド, 116, 118; ジャガー, 27; チーター, 158; ピューマ, 169; 牧場の試み, 27; 牧畜犬, 158; ボマ, 15; ユーラシアオオヤマネコ, 137; ユキヒョウ, 45; ライオン, 15
カナダオオヤマネコ(*Lynx canadensis*), 133, 142–45;
    体つき, *143*, *144*; 狩りのテクニック, 145; カンジキウサギ, 143–45, *144*; 個体数, 144; 専門のハンター, 143; 分布, *145*; ボブキャット, 143–44, 147; 雪の上の足跡などから情報を読み取る, 145; わな猟, 145
カピバラ, *23*
カメラトラップ法, 43, 189–190
カラカル(*Caracal caracal*), 86–91;
    オオヤマネコ, 87; 外見, 87, 89; 家畜の捕食, 91; 体つき, 91; 狩りに利用, 87; ジャンプ, *90*; 食性, 87, 89, 91; 生息地, 87; ハイブリッドキャット, 111; 分布, *90*
カラカル系統:
    アフリカゴールデンキャット, 92–96; カラカル, 86–91; サーバル, 80–85
カラキャット, 111
体を使ったコミュニケーション, 70
カラハリ砂漠, アフリカ:
    ヒョウ, 49–50; ライオン, 5, 11
カランス, K. ウラス, 43
カルバン・クラインの香水「オブセッション」, 73, 100
カンジキウサギ, 143–45, *144*
ギアトスマ, アーチェ, 84
帰巣本能のあるネコ, 167

木登りが得意なネコ科動物:
    ウンピョウ, 61; 身体的な特徴, 105; ヒョウ, 54, *54*, 56; マーゲイ, 103, *104*, *105*; マーブルドキャット, 73
キプロス島, イエネコ, 208–9
キャットニップ, 73
キャットビブ(CatBib), 210
キングチーター, 157, *157*
近親交配, 色変種, 12, 38
暗闇の視力, 204
クルーガー国立公園のライオン, 12
車との衝突, 170
クロアシネコ(*Felis nigripes*), 218–23;
    体つき, 219; 狩りのテクニック, 219, 221; 声, 222; 産子数, *221*, 222; 生息環境, 219; 生息地, 219; 単独行動を好む, 221; 聴覚, 234; においによるマーキング, 221–222; 繁殖習性, 222; 分布, *223*; 保全, 222
クロアシネコ・ワーキンググループ(Black-footed Cat Working Group), 222
黒いピューマ, 169
グローバル・ホワイトライオン保護基金, 12
ケープライオン, *6*, 7
ゲムズボック, 狩りの危険, 11
高所から落ちる, 116
香水とネコ科動物, 73
国立がん研究所ゲノム多様性研究室, 24
子殺し:
    ピューマ, 170–71; ライオン, 58
コシュカレフ, ユージン, 46
コドコド(*Leopardus guigna*), 114–19;
    家畜の捕食, 116, 118; 黒い, 115; 個体数減少, 118; 食性, 115; 生息地, 115; 分布, *119*
子供:
    オスの子育て, 58; 子殺し, 58, 170–71
コミュニケーション:
    尾, *216*; 体, 70; においによるマーキング, 222; のどをゴロゴロ鳴らす, 178; 耳の房毛, 133
殺し合い, ピューマ, 170–71

さ

サーバル(*Leptailurus serval*), 80–85;
    穴掘り, 83; イヌ科に似た体型と習性, 84–85; 体つ

き, 81, 83; 狩りのテクニック, 83; ジャンプ, *82*, 83; 食性, 83; 生息地, 85; 専門のハンター, 81, 84–85; 聴覚, 81–83; ハイブリッドキャット, 111; 母親と子供, 84; 分布, *85*

サーベルタイガー, 62

砂糖オンチ, 125

サバンナキャット, 111

サビイロネコ(*Prionailurus rubiginosus*), 200–204; 狩りのテクニック, 201; 飼育下, 201; 分布, *204*

サファリキャット, 111, 113

サンジェイ・ガンジー国立公園, インド, 52

サンダーソン, ジム, 121

サンボナ野生動物保護区, 南アフリカ, 12

飼育下:
サビイロネコ, 201; スナドリネコ, 187, 189; トラ, 31; マヌルネコ, 185; マレーヤマネコ, 197; ユキヒョウ, 45

ジークフリード＆ロイ, 31

シベリアのトラ, 37

ジャガー(*Panthera onca*), 16–27;
生き残り, 27; 獲物の選択, 22; 泳ぐ能力, 22, 198; 家畜の捕食, 27; 体つき, 18–19; 黒いジャガー, 24, *24*; 毛皮取引, *18*; 声, 22; 殺しのテクニック, 19; 社会, 22; 食性, 18–19, *23*; 身体的な特徴, 17–18; 生息地, 19, 22; 強さ, 17; 南米, 17; 人間との関係, 22; ヒョウとの違い, 17; 斑点, 74; 分布, *26*; 吠え声, 22; 北米, 19; 保全, 27; メラニズム, 24, *24*; ヨーロッパのジャガー, 17

ジャガーキャット(*Leopardus tigrinus*), 124–27;
種, 127; 食性, 125; 分布, *127*

ジャガランディ(*Puma yagouaroundi*), 174–77;
色変種, 175, *176*; 体つき, 175; 狩りのテクニック, 175; 食性, 175; 生息地, 176; 分布, *177*

ジャクソン, ロドニー, 45

シャネルの香水「No.5」, 100

シャムネコ, 217

シャモア, *136*

ジャングルキャット(*Felis chaus*), 238–41;
家畜化, 239; 狩りのテクニック, 241; 食性, 241; 身体的な特徴, 239, *240*; 生息環境, 239; 適応力, 241; ハイブリッドキャット, 111; 分布, *241*

ジャンビキャット, 111

種:
異種交配, 178; 近縁種のグループ, 2; ネコ科動物の遺伝学, 2, 24, *24*, 38; ネコ科動物の身体的な類似点, 2

狩猟:
オス, 58; カラカルを利用, 87; 子殺し, 58; マヌルネコ, 185; ユーラシアオオヤマネコ, 137; ヨーロッパヤマネコ, *230*, 231

触覚の感度, 118

ジョフロイキャット(*Leopardus geoffroyi*), 108–13;
狩りのテクニック, 113; 食性, 109, 13; 体毛, 109; ハイブリッドキャット, 111, 113; 分布, *112*; 密猟, 109

視力, 204

ステップヤマネコ(*Felis silvestris ornata*), 225; 分布, *226*

ストーンクーガー, 111

スナドリネコ(*Prionailurus viverrinus*), 186–91;
遺伝学, 189; 泳ぐ能力, 187, *190*, *191*, 198; 体つき, 187; 個体数減少, 189–190; 飼育下, 187, 189; 生息環境, 187, 189–90; 絶滅危惧IB類指定種, 190; 専門のハンター, 187, ハイブリッドキャット, 111; 分布, 187, 189–190, *191*; わな猟, 190

スナネコ(*Felis margarita*), 232–37;
穴掘り, *235*, 235–36; 狩りのテクニック, 233–35; 声, *234*, 236; 食性, 235; 身体的な特徴, 233, *234*; 生息環境, 233; 聴覚, 234; 分布, *236*

スノーレパード・コンサーバンシー, 45

スノーレパード・トラスト, 45

スペインオオヤマネコ(*Lynx pardinus*), 133, 138–41;
ウサギ, 139–40; 体つき, 140; 子供, 140; 絶滅危惧IA類指定種, 139; 専門のハンター, 139–40, 分布, *141*; 捕獲繁殖プログラム, 140–41; 保全, 140–41

スペインオオヤマネコの捕獲繁殖プログラム, 140–41

スマトラ島, ウンピョウ, 63

スワンソン, ビル, 185

スンダウンピョウ(*Neofelis diardi*), 63;
分布, *64*

絶滅危惧IA類指定種, スペインオオヤマネコ, 139;
絶滅危惧IB類指定種も参照

絶滅危惧IB類指定種:
アンデスキャット, 123; ジャガー, 19; スナドリネコ, 190; ユキヒョウ, 47

絶滅のおそれのある野生動植物の種の国際取引に関する条約(CITES)に基づく法律, 109

セルース猟獣保護区, アフリカ, 14

セレンゲティ, アフリカ, サーバル, 81

セレンゲティ国立公園のライオン, 7;

個体数, 15; たてがみ, 9
専門のハンター:
　カナダオオヤマネコ, 143; サーバル, 81, 84–85; スナドリネコ, 187; スペインオオヤマネコ, 139–40
ソマリキャット, 217

た

タイゴン, 178
体毛の模様:
　タビー（縞模様）, 157, 217; 斑点, 74; 個別の種も参照
タビーの体毛, 157, 217
タペータム, 204
チーター（*Acinonyx jubatus*）, 152–63;
　アジアのチーター, 156, *156*; 家畜の捕食, 158; 体つき, 153, *154*; 狩りのテクニック, 155–156; キング, 157, *157*; 声, 162; 殺し, 156, 160; 産子数, *161*, 161–63; 食性, 155–56; 生息地, 155; 速度, 153, 155; その他の大型ネコ科動物, 155, 162; 爪, 153; 斑点, 74, 161; ピューマ, 165; 分布, *162*; 保全, 158, 163; ライオン, 163
チーター保護基金, 158
チャウシー, 111
聴覚, 特殊, 81–83, 234
チョベ国立公園, ボツワナ, アフリカ, 8
ティルソン, ロン, 38
デザイナーキャット, 111;
　「ハイブリッドキャット」も参照
トラ（*Panthera tigris*）, 28–39;
　オス, 37; 泳ぐ能力, 198; 体の大きさ, 37; 狩りのテクニック, 29; 殺しのテクニック, 34, 37; 飼育下, 31; 忍び足で進む, 34; シベリア, 37; 縞模様, 29, *30*; 柔軟性, 37; 食性, *30*; 身体的な特徴, 29, *34*; 生息環境, 37, 39; 生息地, 29, 37; タイゴン, 178; 値段, 35; 分布, *39*; ベンガル, 37; 保全, 31, 35; ホワイトタイガー, 38, *38*; メス, 37, 39, 56; 雪の中, 29; ライオン, 8; ライガー, 178, *178*; ロシア極東部, 29, *32*, 37; 若い, 37

な

ナイロビ国立公園, アフリカ, 53
ナキウサギ, 184, *185*
ナミビア, アフリカ, 158
ナミブ砂漠, アフリカ, 11
南米, ジャガー, 17
においによるマーキング, 222
ニューフース, フィリップ, 31
人間との関係:
　ジャガー, 22; 人を襲うネコ科動物, 22, 57; ピューマ, 171, *173*; ヒョウ, 152–53, 57; ユーラシアオオヤマネコ, 136–137
ネコ科動物の間の身体的な類似点, 2
ネコ科動物の移住, 167
ネコ科動物の耳の状態, 70
ネペタラクトン, 73
のどをゴロゴロ鳴らす, 178
野良ネコ, 215, *215*
ノロジカ, *135*

は

ハイイロネコ（*Felis silvestris bieti*）, 225;
　分布, 226
ハイエナ, チーター, 162–63
ハイブリッドキャット, 217;
　カラキャット, 111; サバンナキャット, 111; サファリキャット, 111, 113; ジャンビキャット, 111; ストーンクーガー 111; チャウシー, 111; ベンガルキャット, 111, 195
バステト（エジプトの猫女神）, 210–211, *211*
パッカー, クレイグ, 5
バラディ, デズモンド, 74
バリニーズキャット, 217
繁殖:
　イエネコの選択的交配, 217; スペインオオヤマネコの捕獲繁殖プログラム, 140–41; ハイブリッドキャット, 111, 113, 195, 217
斑点, 74;
　個別の種も参照
パンパスキャット（*Leopardus colocolo*）, 128–30;
　アンデスキャット, 129; 種, 129; 食性, 129; 分布, *130*
ヒゲ, 118
ビスカッチャ, *122*, 122–23, 129
人を襲うネコ科動物, 22;
　ヒョウ, 57
ピューマ（*Puma concolor*）, 164–73;
　遺伝学, 165; 移住, 167; オス, 170–71, *173*; 家畜の

捕食, 169; 体つき,165; 黒いピューマ, 169; けんか, 170–71; 声,170; 子殺し, 170–71; 個体数, 168; 殺し, 169–70; 殺し合い, 170–71; 食性, 169; 生息環境, 169; 生息地, 167, 169; 大陸を横断, 166; チーター, 165; 適応力,169, 173; 人間との関係, 171, *173*; フロリダ, 169; 分布, *172*; 母系集団, 171; メス,171; 野生動物用の地下道, 170

ピューマ系統:
ジャガランディ, 174–77; チーター, 152–63; ピューマ, 164–73

ヒョウ(*Panthera pardus*), 48–59;
アムール, 51, *51*; インド, 52; カラハリ, 49–50; 狩りのテクニック,*50*, 50–52; 木の上, 54,*54*, 56–57; 木登りの能力, *54*, 54, 56; 砂漠, 49–50; サンジェイ・ガンジー国立公園, インド, 52; ジャガーとの違い, 17; 食性, 49–52; 身体的な特徴, 49; 単独行動を好むネコ科動物, 52; 適応力, 52, 57, 59; ナイロビ国立公園, アフリカ, 53; 謎めいた習性, *57*; 人間, 52–53, 57; 斑点, 49, 74; 人食い, 57; 分布, 59, *59*; メス,56

ヒョウ系統:
ウンピョウ,60–65; ジャガー, 16–27; トラ, 28–39; ヒョウ, 48–59; ユキヒョウ, 40–47; ライオン, 4–15

ブラックパンサー, 169
フリーア, レイチェル, 115
フロリダピューマ:
車との衝突, 170; 黒い, 169; 生息地, 170; 保全, 43;「ピューマ」も参照

糞:
DNAによる特定, 122; 分子糞便学, 123

分子糞便学, 123
糞のDNA, 122
ベイキャット(*Pardofelis badia*), 68–71;
発見, 69; 分布, *71*; 保全, 70; ボルネオ島, *68*, 69; わな猟, 69–70

ベイキャット系統:
アジアゴールデンキャット, 76–78; ベイキャット, 68–71; マーブルドキャット, 72–75

米国, 飼育されているトラ, 31
ペッカリー, *23*
ベンガルキャット, 111, 195
ベンガルトラ, 37
ベンガルヤマネコ(*Prionailurus bengalensis*), 192–95;
イリオモテヤマネコの個体群, 194; 泳ぐ能力, 194, 198; 体つき,193; 狩りのテクニック,194; 食性, 193, 194; 生息環境, 193–194; 生息地, 193; ハイブリッドキャット, 111, 195; 分布,*195*; 保全, 195

ベンガルヤマネコ系統:
サビイロネコ, 200–204; スナドリネコ, 186–91; ベンガルヤマネコ, 192–95; マヌルネコ, 180–85; マレーヤマネコ, 196–99

捕獲し,不妊手術をして、元の場所に戻す(TNR)プログラム, 215, 231
牧場の試み, 家畜の捕食, 27, 45
牧畜犬, 158
北米, ジャガー, 19
母系集団, 56;
ピューマ, 171

保全:
アンデスキャット, 123; カメラトラップ法, 43; クロアシネコ, 222; ジャガー, 27; スペインオオヤマネコ, 140–41; チーター, 158; トラ, 31, 35; フロリダピューマ, 43; ベイキャット, 70; ベンガルヤマネコ, 195; マレーヤマネコ, 197; ユキヒョウ, 45; ライオン, 15

ボブキャット(*Lynx rufus*), 146–50;
カナダオオヤマネコ, 143–44, 147; 体つき, *148*; 子供, 149–150; 食性, 147; 生息環境, 147; 繁殖習性, 149–150; 分布, *150*; わな猟, 149, 150

ボマ(家畜の囲い), 15
ボルネオ島:
ウンピョウ, 63; ベイキャット, *68*, 69

ボルネオ島ウンピョウプログラム(Bornean Clouded Leopard Programme), 63;
ベイキャットの保全, 70; ベンガルヤマネコ, 195; マーブルドキャット, 75; マレーヤマネコ, 197;「保全」も参照

ホワイトタイガー, 38, *38*
ホワイトライオン, 12, *12*

ま

マーゲイ(*Leopardus wiedii*), 102–7;
オセロット, 103–6; 体つき,103; 木登り, 103, *104, 105*; 機敏さ, 103; 産子数,104; 食性, 104; 体毛, 104–106; 斑点, 104–6,*106*, 分布,*107*;

マーブルドキャット(*Pardofelis marmorata*), 72–75;
尾, *74*; 体つき,73; 木の上, 73; 生息地, 73; 分布, *75*

魔術、ネコ, 216–17
マヌルネコ(*Otocolobus manul*), 180–85;

体つき, 181; 狩り, 184; 狩りのテクニック, 181, 184; 個体数, 185; 飼育下, 185; 食性, 184; 生息環境, 181; 体毛, 181, *184*; 聴覚, 234; ナキウサギ, 184, *185*; 繁殖習性, 184; 分布, *185*; 捕食動物, 185

マレーヤマネコ(*Prionailurus planiceps*), 196–99;
　泳ぐ能力, 197–98, *198*; 体つき, 197; 飼育下, 197; 分布, *199*; 保全, 197

密猟:
　ジョフロイキャット, 109; ユキヒョウ, 46; 「狩猟」も参照

南アフリカ, サンボナ野生動物保護区, 12

耳の房毛, 133

ムックージー, S., 87

メラニズム, 24, *24*

モハメド, アズラン, 73

や

野生動物の捕食:
　イエネコ, 210, 212; 野良ネコ, 215

野生動物用の地下道, 170

ユキヒョウ(*Panthera uncia*), 40–47;
　家畜の捕食, 45; 声, 44 飼育下, 45; 食性, 42; 身体的な特徴, 41, *42*; 性質, 44–45; 生息地, 41, *46*; 絶滅危惧IB類指定種, 47; 繁殖習性, 44; 分布, *47*; 保全, 45; 密猟, 46

ユーラシアオオヤマネコ(*Lynx lynx*), 132–37;
　家畜の捕食, 137; 体つき, 133, 35; 狩りのテクニック, 135–36; 再導入, 137; シャモア, *136*; 食性, 135, *135*, *136*; 生息地, 135; 人間との関係, 136; ノロジカ, *135*; 分布, *137*; 耳の房毛, 133

ヨーロッパのジャガー, 17

ヨーロッパヤマネコ※種(*Felis silvestris*), 210, 224–31;
　アジア, *227*; 亜種, 225; アフリカ, 225–30; 分布, *226*; 分類, 225; ヨーロッパ, 231

ヨーロッパヤマネコ※基亜種(*Felis silvestris silvestris*), 225, *228*;
　イエネコ, 231; 交雑, 231; 狩猟, *230*, 231; 生息地 231; 分布, *226*

ら

ライオン(*Panthera leo*), 4–15;
　エコツーリズム, 14; オス, 9; 家畜の捕食, 15; 狩りのテクニック, 8–10; クルーガー国立公園, 12; ケープ, *6*, *7*; 子殺し, 58; 個体数, 10, 14; 社会構造, 5; 食性, 8; 生息環境, 5, 11; 生息地, 10; セレンゲティ, *7*; タイゴン, 178; チーター, 163; トラ, 8; ナミブ砂漠, 11; 分布, *14*; 吠え声, 13, *13*; 保全, 15; ホワイト, 12, *12*; 群れ（プライド）, 5; ライガー, 178, *178*

ライガー, 178, *178*

リビアヤマネコ(*Felis silvestris lybica*), 225
　イエネコ, 230; 家畜化, 226; 狩り, 228; 顕著な特徴, 227; 声, 228; 生息環境, 227; 繁殖習性, 228; 分布, *226*

「ルドラプラヤグの人食いヒョウ」, 59

ロシア極東部:
　アムールヒョウ, 51, *51*; トラ, 29, 33, 37

わ

わな猟:
　カナダオオヤマネコ, 145; スナドリネコ, 190; ベイキャット, 69–70; ボブキャット, 149, 150; 「狩猟」も参照

A–Z

Acinonyx jubatus. 「チーター」を参照

Caracal aurata. 「アフリカゴールデンキャット」を参照

Caracal caracal. 「カラカル」を参照

CITESに基づく法律. 「絶滅のおそれのある野生動植物の種の国際取引に関する条約(CITES)に基づく法律」を参照

Felis chaus. 「ジャングルキャット」を参照

Felis margarita. 「スナネコ」を参照

Felis nigripes. 「クロアシネコ」を参照

Felis silvestris bieti. 「ハイイロネコ」を参照

Felis silvestris cafra. 「アフリカヤマネコ」を参照

Felis silvestris catus. 「イエネコ」を参照

Felis silvestris lybica. 「リビアヤマネコ」を参照

Felis silvestris ornata. 「ステップヤマネコ」を参照

Felis silvestris silvestris. 「ヨーロッパヤマネコ※基亜種」を参照

Felis silvestris. 「ヨーロッパヤマネコ※種」を参照

GPS（全地球測位システム）無線機付きの首輪, 22

GPS無線機つきの首輪. 「GPS（全地球測位システム）無線機付きの首輪」を参照

索引

harimau-dahan.「ウンピョウ」を参照
IUCNレッドリスト, 63
Leopardus colocolo.「パンパスキャット」を参照
Leopardus geoffroyi.「ジョフロイキャット」を参照
Leopardus guigna.「コドコド」を参照
Leopardus jacobita.「アンデスキャット」を参照
Leopardus pardalis.「オセロット」を参照
Leopardus tigrinus.「ジャガーキャット」を参照
Leopardus wiedii.「マーゲイ」を参照
Leptailurus serval.「サーバル」を参照
Lynx canadensis.「カナダオオヤマネコ」を参照
Lynx lynx.「ユーラシアオオヤマネコ」を参照
Lynx pardinus.「スペインオオヤマネコ」を参照
Lynx rufus.「ボブキャット」を参照
Neofelis diardi.「スンダウンピョウ」を参照
Neofelis nebulosa.「ウンピョウ」を参照
Otocolobus manul.「マヌルネコ」を参照
Panthera pardus.「ヒョウ」を参照
Panthera leo.「ライオン」を参照
Panthera onca.「ジャガー」を参照
Panthera tigris.「トラ」を参照
Panthera uncia.「ユキヒョウ」を参照
Pardofelis badia.「ベイキャット」を参照
Pardofelis marmorata.「マーブルドキャット」を参照
Pardofelis temminckii.「アジアゴールデンキャット」を参照
Prionailurus bengalensis.「ベンガルヤマネコ」を参照
Prionailurus planiceps.「マレーヤマネコ」を参照
Prionailurus rubiginosus.「サビイロネコ」参照
Prionailurus viverrinus.「スナドリネコ」を参照
Puma yagouaroundi.「ジャガランディ」を参照
TNRプログラム.「捕獲し、不妊手術をして、元の場所に戻す（TNR）プログラム」を参照

著 者
フィオナ・サンクイスト（Fiona Sunquist）
サイエンス・ライター、写真家。
『International Wildlife Magazine』の編集主幹を15年務めた。
メル・サンクイスト（Mel Sunquist）
フロリダ大学野生生物生態・保全学科名誉教授。

写 真
テリー・ホイットテイカー（Terry Whittaker）
野生生物保全・環境を専門とする写真家。英国在住。

訳 者
山上佳子（やまがみ よしこ）
（翻訳協力：株式会社トランネット）

監 修
今泉忠明（いまいずみ ただあき）
国立科学博物館で哺乳類の分類と生態を研究。
文部省（現文部科学省）の国際生物計画調査、日本列島総合調査、
環境庁（現環境省）のイリオモテヤマネコ生態調査などに参加した。

ブックデザイン セキネシンイチ制作室

世界の美しい野生ネコ

2016年7月30日　初版第1刷発行
2017年2月17日　　　　第2刷発行

著 者　　フィオナ・サンクイスト
　　　　　メル・サンクイスト

発行者　　澤井聖一

発行所　　株式会社エクスナレッジ
　　　　　〒106-0032　東京都港区六本木7-2-26

問合せ先　編集　tel:03-3403-1381　fax:03-3403-1345
　　　　　　　　info@xknowledge.co.jp
　　　　　販売　tel:03-3403-1321　fax:03-3403-1829

本書掲載記事（本文、写真、図表等）を当社および著作権者の承諾なしに無断で
転載（翻訳、複写、データベースへの入力、インターネットでの掲載等）することを禁じます。

Copyright© 2014 By University of Chicago. All rights reserved.
Licensed by The University of Chicago Press, Chicago, Illinois, U.S.A.
Through Japan UNI Agency, Inc., Tokyo